甘泉与阳明

心学大师湛若水丛书

黄明喜/著

广州新华出版发行集团
广州出版社

图书在版编目（CIP）数据

甘泉与阳明 / 黄明喜著. —广州：广州出版社，2017.10
（心学大师湛若水丛书）
ISBN 978-7-5462-2596-8

Ⅰ. ①甘…　Ⅱ. ①黄…　Ⅲ. ①湛若水（1466—1560）—哲学思想—研究②王守仁（1472—1528）—哲学思想—研究　Ⅳ. ①B248.995②B248.25

中国版本图书馆CIP数据核字（2017）第182310号

出 品 人　杨　斌
书　　名　甘泉与阳明
　　　　　Ganquan yu Yangming
出版发行　广州出版社
　　　　　（地址：广州市天河区天润路 87 号 9 楼、10 楼　邮政编码：510635
　　　　　网址：www.gzcbs.com.cn）
策　　划　柳宗慧
责任编辑　杨珊珊　李素娟
文字编辑　周振宇
责任校对　蒋美秀
封面设计　肖晓文
印刷单位　广东信源彩色印务有限公司
　　　　　（地址：广州市番禺区南村村东兴工业园　邮政编码：511442
　　　　　电话：020-31035501）
规　　格　889 毫米 ×1194 毫米　16 开
字　　数　174 千
印　　张　11.5
版　　次　2017 年 10 月第 1 版
印　　次　2017 年 10 月第 1 次
书　　号　ISBN 978-7-5462-2596-8
定　　价　35.00 元

前　言

湛氏若水（1466—1560），初名露，字民泽，后因避祖讳，改名雨，40岁时开始定名若水。字元明，号甘泉，谥号文简。明代著名思想家、教育家、政治家。甘泉是明代心学奠基者陈白沙的衣钵传人，他们创立的学派被称为岭南心学，以便区别于王阳明为代表的阳明心学。甘泉寿高，享年95岁，年少之时父亲去世，只能跟随母亲四处飘零，生活不乏艰难困苦。尔后经过科举仕进，由朝廷中的庶吉士做起，最后做了官属二品的礼部、吏部、兵部的三部尚书。当然，他曾亲历了明代官场的险恶，也懂得人间世故，虽然也会遇到诬蔑、陷害，甚至弹劾之类，但他都能安然度过，这其中不乏有人生智慧。甘泉一生不忘讲学，创办书院，招收门徒，传道授业、明理解惑。他勤于著述，善于思考，学术成果丰硕，思想博大精深，其中有经济的、政治的、礼法的、教育的、家规的、哲学的，等等，不愧为一代宗师，与同时代的王阳明堪称思想双峰。不唯如此，他的书院思想以及甘泉学派思想的形成及传承等，都值得人们去认真研究，以便从中汲取精华，为现代的社会建设、经济发展、精神文明、人格培养提供可以借鉴的理论资源。

甘泉学说继承白沙，白沙学说的基本特点是突出人的主体性以及人的本体地位。“天地我立，万化我出，而宇宙在我。”“我”非小我，也非私我，“我”是大我，也是天理。这个“我”是一种境界，也是一种胸怀，“我”是堂堂正正，直道而行，正义凛然，顶天立地。同时，也有一种理性认知，“我”不囿于一己之私，不拘于陈说陋习，也不屈于世俗权威。“我”的特点在“知疑”，“学贵知疑”。学是觉悟，疑是批判。只有思考批判，才能有所觉悟，也才会有进步，小疑小进步，大疑大进步，不疑不进步。白沙主张“静坐”，因为“静坐”，“久之，然后见吾此心之体隐然呈露，常若有物”。即“静坐”能体悟到“心”之本体的存在。平时人们可能会因为外在事物的缠绕，生活的繁忙，忘记了对自我的反省，忘记了“吾日三省吾身”。而只有在“静”下来的时候才会去思考什么是有意义的，什么是无意义的，什么是值得的，什么是不值得的。所以“静”是一种消极自由，一种不被世俗左右的自由，这实际就是意志自由、人格独立。和“主静”有关的是“自得”，所谓“自得者，不累于外物，不累于耳目，不累于造次颠沛，鸢飞鱼跃，其机在我”。“自得”说的是自主，不仅不被外物决定，而且又是自由自在，即“鸢飞鱼跃，其机在我”。因为“我”是主体。当然，白沙哲学中还有个“自然”范畴，“自然”源自道家，白沙引用了，并把它作为自己哲学的基本范畴，同时赋予了“心学”的意义。“自然”是“道”，“自然之乐，乃真乐也。宇宙间复有何事”。人生真正的“乐”是对“道”的“乐”，对于“道”的“乐”就是“自然之乐”，有了这种“乐”，其他的乐也就不算什么了。白沙处世大气，为人狂放，常思“我大而物小”，物之小者不足以夺取我之大者。作为儒者，他的自由绝对不是肆无忌惮、放荡不羁，而是“从心所欲而不逾矩”，是在自由洒落中对于义理的坚守，“义理须到溶液处，操存须到洒落处”。

甘泉学说不同白沙学说，白沙主静，甘泉主敬，甘泉说：“善学者，必令动静一于敬，敬立而动静浑矣。此合内外之道也。”什么是内外之道，内是道德理性，外是道德实践，道德理性很好地落实在道德实践中就是合内外之道。如果说“静”是一种消极自由，是不累于物，那么，“敬”就是一种积极自由，它要求儒者对于道德律令的真诚遵守，即先哲说的“执事敬”。实际上，这就是甘泉所理解的“自得”。在他看来，人能“执事敬”，就能有“自得”。他说：“若仆之愚见，则于圣贤常格内寻下手，庶有自得处。”“常格内寻下手”就是“体认天理”，“随处体认天理”是甘泉的发明，白沙给予了充分肯定：“日用间随处体认天理，著此一鞭，何患不得到古人佳处也。”甘泉解释：“吾之所谓随处云者，随心、随意、随身、随家、随国、随天下、随其所寂所感时耳，一耳。寂则廓然大公，感则物来顺应，所寂所感不同，而皆不离于吾心中正之本体。”就是在任何时候、任何情况下都要自觉体认“天理”的存在，并把它贯彻下去。不论是动，还是静，是感，还是寂，都不要忘记“天理”。寂静之时的“廓然大公”和动感之时的“物来顺应”，都是对于“天理”的自觉。所以，在“体认天理”的过程中，既有“心”，也有“物”；既有“知”，也有“行”。故“体认天理者，兼知行、合内外言之也。”“体认天理”包含了知行合一、表里如一和言行一致。它是一种工夫，工夫熟后，即是“自然”。所谓“自然”者，不见人为，不假人力，“不勉而中，不思而得”，自然而然，毫无造作，它是一种修养，也是一种境界。

甘泉不同于阳明，尽管他们是好朋友，也都属于心学一系。但他们都不苟且于对真理的探索和坚持，在具体的学术观点上他们有分歧。甘泉讲“心无所不包”和“心无所不贯”。阳明讲“心外无物”和“心外无理”。“心无所不包”说的是“心”包含了万物的存在，形上之“心”是万物的价值之源，“心无所不贯”说的是形上之“心”贯穿于万事万物中，当然也贯穿在人的言行当中。阳明讲“心外无物”突出了形上之“心”的价值之源，强调的是“致良知”，同时，在价值存在上否认了“物”的独立自在性，故后来的王学禅化在这里就埋下了伏笔。日本学者冈田武彦对甘泉的评价也许能说明问题：“湛甘泉豪迈峻敏，虽在力量上不如使其学风靡一代的阳明，但却比阳明资格稍老。他始终以体认之学为宗，其学与王学相互出入。阳明死后，湛甘泉又保持三十余年的长寿，在纠正当时朱子学亚流之弊的同时，又致力于救正王学亚流的猖狂之弊。”应该说，这个评价比较公允。

除了哲学之外，甘泉还有教育、礼法、政治，乃至经济思想等。甘泉重视教育，据史料记载：他建的书院（包括帮他建书院者）就有35所，其中广东地区有22所，如在西樵山建云谷书院、大科书院，在增城建龙潭书院、独冈书院、莲洞书院，在罗浮山建甘泉精舍、天华精舍，在白云山建白云书院，在广州建天关书院等。他的弟子接近4000人。陈裕荣编著的《湛甘泉门生弟子考录》一书记载有名有姓的弟子就达649位。明末清初的黄宗羲，在师承上就属甘泉的四传，即甘泉传唐枢，唐枢传许孚远，许孚远传刘宗周，刘宗周传黄宗羲。在教育中，甘泉重视人格培养和实践教学，他说：“君子之学也，犹之锻金也，不炉不锤则金不精。事也者，学之炉锤也，不历事则仁不熟。不熟，仁之弃也。夫仁也者，贵熟之。”人的品质不仅是学来的，更重要的是锻炼出来的，这锻炼就是在事上磨，事上磨就是社会实践。

甘泉关注礼教，不论是在书院的训规中，还是自己的家训中，都讲到许多有关礼规的内容，同时也非常重视这方面的训练。这其中就包括日常生活中的洒扫应对、爱亲敬长、隆师亲友等。这些都是做人的基本礼节。如《大科训规》说：“诸生相处，务守长幼之节。”“诸生相聚，不可自是自高，无长幼之序，虚心相下，非但礼所当然，亦且受益。”说的是弟子之间的相互尊重。《家训》讲：“凡父母在，兄弟不得各爨。每晨与兄弟同造父母之所，问夜寝安否，食能美否。父母问诸子过失否，过失安在，各前跪对。”其中所说应该以家庭的统一为重，子女要向父母问候请安，父母要问子女做事有无过错。另外，对于传统的吉礼、凶礼、军礼、宾礼和嘉礼，以及乐、射、御中有关礼的问题也都有论述。

在政治经济方面，他承续中国的德治传统，主张以德治国，强调对于“国之理”的认知。他说：治国首先要认识“国之理”，“《大学·治国章》以孝、弟、慈，以心，以仁让，以恕言之，吾心感应乎国之理也，是故事君使臣也、立教兴化也、事长慈幼也、使众临民也、正朝廷也、正百官也、正万民也，皆国之事理也。”这说明治国不能离开德的要求，礼法固然重要，但德更为基本，礼法应该建立在德的基础之上。在经济上，他重视农桑，强调民事的重要性，“事神者，敬天是也。治民者，农桑是也。……农桑之务，乃衣食之源，民事之最急者也。”

总之，甘泉思想中蕴含着丰富的宝藏，需要人们去挖掘、研究和传扬。广东省岭南心学研究会近年来主持并完成了国家古籍整理出版资助项目《湛若水全集》（约400万字）的点校，同时组织《心学大师湛若水丛书》课题，经广东省社科联积极向中共广东省委宣传部申报广东省“理论粤军”项目，课题获得批准。广州出版社对《心学大师湛若水丛书》的出版高度重视，列入重点项目出版计划，精心组织出版。我们在整理甘泉思想资料的基础上，推出这套丛书，目的是从不同维度去揭示其思想内涵，呈现其历史意蕴，发现其所潜含的现代价值。希望丛书能够对读者全方位地了解湛若水有所裨益。

广东省岭南心学研究会

2017年7月25日

目　录

第一章

初识京师　一生交谊

湛甘泉、王阳明相知相契，共倡圣学，是明代心学发展史上耀眼的双子星座。

湛甘泉（1466—1560），初名露，字民泽，避祖讳改名雨，后定名若水，字元明，广东增城人。因居增城甘泉都，被学者称为“甘泉先生”。王阳明（1472—1529），名守仁，字伯安，浙江余姚人。曾结庐于越城的阳明洞，自号“阳明子”，学者遂称之为“阳明先生”。他们相距千里之遥，一个居于岭南，一个长于江南，然而千山万水难隔他们惺惺相惜，两人志趣相投，在京城一见定交而情谊一生。之后，彼此在当朝为官的同时，笔耕不辍，讲学授徒，切磋共勉，声名远播，谱写出明代心学流派的华丽篇章。

从明孝宗弘治十八年乙丑（1505）的京师初识定交开始，一直到明世宗嘉靖七年戊子（1529）冬王阳明在江西南安因病辞世，湛甘泉和王阳明之间的情谊长达23年之久。他俩各标宗旨虽有所出入，但双方求同存异，诗文不断，从未因学术分歧而分道扬镳，相互尊重而心存感动，自始至终心系互信互谅的情谊。

一、一见定交

湛甘泉和王阳明的交往开始于明孝宗弘治十八年乙丑（1505）的阳春三月，这一年湛甘泉40岁，王阳明34岁。由于科举为官的机缘，湛甘泉、王阳明都在京师。当时王阳明任兵部武选清吏司主事，湛甘泉为翰林院庶吉士。明代的翰林院表面上是负责修史、编书等方面的朝廷文化专门机构，实为养才储望的重要场所。庶吉士无甚品阶，却是成为阁老重臣和封疆大吏的重要踏脚石。因此，由科举为庶吉士乃至翰林，由翰林而为朝廷重臣是科举时代士大夫的人生理想。入选翰林院庶吉士开启了湛甘泉的仕途生涯。

王阳明一生参加了三次会试，前两次都没有考中进士。王阳明在北京参加第三次会试时，已是弘治十二年己未（1499），中进士也才不过28岁。王阳明进士及第之后，先后担任工部观政进士、刑部主事、兵部主事等官职，直到与湛甘泉在京城不期而遇，王阳明累官已达六年有余，官场阅历要比湛甘泉丰富许多。

说起科举，其实湛甘泉的初心并不在此。湛甘泉虽然比王阳明大六岁，起初却不愿意参加科举考试。后来湛甘泉在母亲的多次催促下，于弘治十七年甲子（1504）定下北上学习和参加科举考试的意愿。他到南京，进入国子监学习。当时主持国子监工作的是其师陈白沙的好友章懋，章懋时为南京国子监祭酒（相当于校长）。章懋以“睟面盎背论”为题考查国子监所有学生，连续数日没有看到一份满意的试卷。直到看见湛甘泉的文章，大为惊异。湛甘泉的文章说理透彻、文采斐然，深得章懋赏识。章懋因之把湛甘泉称为老友。经过章懋、罗钦顺两位名师的教诲，湛甘泉当年回到广东，参加乡试并一举夺魁，从而获得参加第二年京城会试的资格。湛甘泉顺利通过会试和殿试，又一举考中进士，被选为翰林院庶吉士，之后担任翰林院编修。

早在南京国子监读书时，他就听说王阳明在京城讲学的情况。被选为翰林院庶吉士后，湛甘泉旋即主动上门，前去拜访王阳明。

湛甘泉和王阳明一打照面，都顿感相见恨晚，从此两人一见定交，成为一生的挚友。他俩之所以能一见定交而情谊一生，原因何在？其中的原因固然不少，但最为重要的一点，就是他俩都立定志向，要成为孔孟那样的圣人，并以倡导孔孟之学为己任。

在京师的初次相识，湛甘泉的思想见地让王阳明刮目相看。作为陈白沙的心学衣钵传人，青年湛甘泉在江门求学于陈白沙时期就已打下心学的根底，所以心学的思想起点自然高于王阳明。而此时的王阳明思想庞杂，尚处于飘摇不定的混沌状态。

王阳明家世显赫，他的爷爷王伦是一代名士，父亲王华是浙江余姚王氏家族中的第一个状元，官至南京吏部尚书。王阳明自幼天资聪颖，博习经史子集，12岁便认为人生的第一等事是如何成圣。青年时期沉迷于道教和佛教，也曾笃信朱熹理学，但经格亭前之竹的失败，故对朱熹理学有所怀疑。直到和湛甘泉京师结交后，王阳明大受启发才真正回归孔孟儒学。关于这一点，王阳明本人十分坦诚，强调自己从湛甘泉那里受益多多，说他为官30年，从来没有遇到像湛甘泉这样的思想成熟而处事圆融的人，所以为能拥有湛甘泉这样的知己而庆幸。湛甘泉也是一样，他说自己四处游学，也从来没有遇过像王阳明这样的思想深邃且事功赫赫的人，希望将来能与王阳明合写在一个传记里。

湛甘泉与王阳明，彼此仰慕，旨趣趋同，相互支持，共谋发展，这是维系他们一生情谊的纽带。

俗话说，患难之处见真情。湛甘泉与王阳明结交不久，一场横祸便降临在王阳明头上，使王阳明经历了一次前所未有的人生洗礼。弘治十八年乙丑（1505）五月初七，36岁的明孝宗病逝。次年，年仅15岁的明武宗即位。武宗即位之后，朝政控制在宦官刘瑾手里。刘瑾权倾朝野，致使政治混乱不堪，于是刘健、谢迁等一些朝臣联名上疏，奏请武宗罢免刘瑾。结果刘瑾纹丝未动，反倒是刘健等老臣被诬为奸党，处以革职。南京户部给事中戴铣等人打抱不平，上疏请求武宗重新启用刘健等朝臣。戴铣等人这一举动得罪了刘瑾，被刘瑾用忤旨的罪名打入锦衣卫的牢狱。作为兵部主事，王阳明当然懂得得罪皇帝红人的下场，但他奋不顾身，仗义谏言，要求宽宥言官，释放戴铣等人。虽然王阳明上疏的内容只是涉及戴铣案件本身，却因其言辞的锋芒鞭笞制造冤狱的弄臣，自然让刘瑾十分难堪。恼怒的刘瑾矫诏将王阳明廷杖四十，投置狱中。在牢狱中，王阳明心中充满忧愤和失望，“天涯岁暮冰霜结，永巷人稀罔象游”正是他当时心境的真实写照。惨无人道的廷杖和牢狱之灾使王阳明多病之躯更加孱弱，心忧孤寂之中生发出几分对家人的思念，“思家有泪仍多病”。王阳明度过十多天的牢狱之灾，随即被发配贵州的龙场，贬为一个毫不起眼的驿丞。驿丞是负责驿站公文传递、车马交换、食宿接待等事务的不入品的小吏。

出狱和被贬对王阳明来说，并不意味磨难的结束。王阳明这场人生突如其来的遭际，不仅改变了他的命运轨迹，也深刻关联着他和湛甘泉之间的友谊。在王阳明远谪龙场的临行前，湛甘泉写下深情款款的九首咏言诗《赠王阳明诗九章》。这些咏言诗表达了湛甘泉对王阳明不幸遭遇的同情和抚慰，对相交王阳明以来的友情抒怀，誓言与王阳明友谊长存，并勉励王阳明自强不息。湛甘泉的一首诗是这样写的："自我初识君，道义日与寻，一身当三益，誓死以同襟，生别各万里，言之伤我心。"生死同襟之情力透纸背，溢于言表。在其他的诗篇中，湛甘泉还向王阳明阐发自己的为学宗旨："圣人常无为，万物常往来，何名为无为，自然无安排。勿忘与勿助，此中有天机。"希望王阳明境由心造，坚持立志成圣的信念，要在逆境中不忘对理想的追求。有感于湛甘泉的深切情谊，王阳明也创作了八首咏言诗予以回应，其中的一首这样写道："洙泗流浸微，伊洛仅如线。后来三四公，瑕瑜未相掩。嗟余不量力，跛鳖期致远。屡兴还屡仆，惴息几不免。道逢同心人，秉节倡予敢。力争毫厘间，万里或可勉。"短短的字里行间概述出儒学的道统脉络，从孔子、孟子到周敦颐、二程，儒道逐渐式微。周敦颐、二程虽然远绍孔子和孟子，但儒学道统依然没有得到光大。此后的朱熹等几位哲人思想瑕瑜互见。自己延续孔孟之道，曲径探幽而甚为艰难。唯愿在今后的漫漫路途，能够辨析毫厘，驰骋万里而振兴儒学道统。诗中没有丝毫悲天悯人的情绪，更多地表明了以接续儒学道统为己任的抱负。王阳明将湛甘泉视为同心同德的同道挚友，带着湛甘泉的情谊踏上了远谪龙场的心学之旅。

龙场地处西南一隅贵州修文县的万山之中，经济落后，文化也十分落后。明武宗正德二年丁卯（1507）十二月，王阳明告别家人以及徐爱等得意门生，带着3名随从离开家乡余姚，开始了远赴贵州的艰难路程。一路跋山涉水，风餐露宿，经浙江、江西、湖南而入贵州，终于在正德三年戊辰（1508）的暮春之际到达龙场驿。所谓龙场驿，就是设立在龙场这个地方的驿站。龙场驿规模很小，人员配置仅为一个驿丞和一个小差吏，还有32匹马，23张床铺。龙场驿位于贵州通往四川的官道上，拿现在的话讲，它的作用相当于明朝政府在龙场的一个招待所，负责给递送官府文书和军事情报的人以及出差或过路的官员提供马匹和食宿。驿丞没有任何品级，根本不算在朝廷官员的职官序列。王阳明由堂堂六品的兵部主事，一下子降到无品无阶的驿丞，实际上无疑是被褫夺了“公务员”身份。龙场驿距离省会贵阳一百里路。在边远凄冷的龙场驿，王阳明每当想起亲人故友，特别是湛甘泉的款款深情，备感春意暖暖。特别是背井离乡的龙场贬谪艰难时刻，王阳明对湛甘泉更表达出难以忘怀的思念，这也进一步升华了两人之间的友情。

二、卜邻而居

王阳明因得罪刘瑾而被发配龙场，固然是人生的一种不幸，但从经历龙场悟道这一重大的思想史事件来说，却是幸运的。龙场悟道使王阳明对“心”与“理”之间到底是什么关系，生发出异于宋代理学集大成者朱熹的看法。依照朱熹的意见，“天理”（或称“理”）要通过“格物”才能获得。朱熹是中国历史上名声赫赫的思想家、教育家，被世人称为“朱子”。王阳明早年服膺朱熹的“格物致知”学说。弘治二年己酉（1489），王阳明在从江西南昌返回浙江余姚的途中，曾经到江西广信（今江西上饶）特地拜访一位叫娄谅的著名理学家。娄谅原本也和王阳明一样，对佛教和道家学说很有兴趣，但当他在江西临川遇到吴与弼，便毅然拜吴与弼为师，放弃释道而攻读理学。作为吴与弼的三大弟子之一，娄谅在广信府设学收徒，宣讲“以收放心为居敬之门，以何思何虑、勿忘勿助为居敬要旨”的教育主张。王阳明向娄谅求教时，娄谅时年68，已近古稀之年，而王阳明风华正茂，18周岁都不到。面对思想驳杂而又好学不已的青年学子，娄谅极为认真地向王阳明传授朱熹的“格物致知”旨趣。王阳明感悟良多，特别是从中得到“圣人必可学而至”的启示。这一启示对王阳明思想的形成和转折有着不同凡响的意义。在没有求教娄谅之前，王阳明光知道立志做个圣贤，却不知道究竟该如何实践，到底怎样才能成就圣贤的品质。在娄谅的启发下，王阳明似乎了解到该做些什么了，回到家乡后便发愤图强，孜孜矻矻地学习儒家经典。明乎此，我们就不难理解黄宗羲的《明儒学案》为什么会说“姚江之学，娄谅为发端”。所谓“姚江之学”，正是王阳明在其后不断生发和完善的“阳明心学”。从娄谅那里接触到朱熹的“格物致知”学说，王阳明曾在自家庭院连续“格”了七天七夜的竹子，结果一无所获，反而得了一场大病，这就是中国思想史上著名的“守仁格竹”事件。“格竹”的受挫让王阳明的思想掀起了巨大波澜，使他对“格物”学说产生了难以消除的怀疑。

龙场万山丛薄，苗僚杂居。在龙场这个偏远孤寂又险象环生的处境里，王阳明结合历年来的遭遇，日夜反省。一天夜里，他忽然顿悟，认为心是感应万事万物的根本，由此进而提出“心即理”的命题。在王阳明看来，“天理”就在“人心”之中，根本不必在外物上求取，这就是王阳明“龙场悟道”的要义所在。《王阳明年谱》的记载是：“忽中夜大悟格物致知之旨，寤寐中若有人语之者，不觉呼跃，从者皆惊。始知圣人之道，吾性具足，向之求理于事物者误也。”这一彻悟过程，即所谓“龙场悟道”。

往事并非如烟，弘治十八年乙丑（1505）那时在京师，“格物”多年都找不着北的王阳明结交湛甘泉，相知相契，稍觉陆九渊的心学深契本心，但“龙场悟道”彻底让王阳明茅塞顿开，幡然醒悟，坚定了“学为圣人”的人生追求。

正德五年庚午（1510），王阳明结束了谪居两年的流放日子，重返政坛。当年三月，王阳明离开贵州抵达江西，就任江西吉安府庐陵县（今江西吉安）的知县。到了九月份，担任知县不足半载的王阳明不得不离开庐陵，赶往北京参加第二年正月的朝觐述职。因为明朝政府规定，所有各级的京内京外官员不仅要参加职务考核，并且每逢丑、辰、未、戌之年，必须定期进行朝觐考核。一言以蔽之，明朝的各级各类地方官员，每隔三年就要入京朝觐一次，在接受吏部和都察院组织的考核之余，还得觐见皇帝，接受皇帝的训示。

进京朝觐之后，王阳明便留在了京城，与湛甘泉、黄绾一起在大兴隆寺讲学，享誉京城。其实，王阳明在正德五年庚午（1510）的九月告别庐陵，沿赣江乘舟北上，经鄱阳湖直入长江，再拐游京杭大运河，直达通州，而后离舟上岸，十一月初就抵达北京了。

王阳明经龙场之悟和庐陵之迁，一回京城就要应对一些日常问题，住在什么地方便是一个必须解决的问题。孔子曾说：“里仁为美，择不处仁，焉得知？”（《论语·里仁》）强调居住在有仁德的地方才是好的。选择住处，不住在有仁德的地方，那怎么能说是聪明智慧呢？王阳明从小听从《论语》的谆谆教导，又从早在京师的一见定交和诗文往来中切身感受到湛甘泉的真正儒者风范，于是决定与湛甘泉比邻而居，以便随时能和湛甘泉讨论问题，听取湛甘泉的学术意见和时政观点。当时，湛甘泉经过翰林院的散馆考试，已经由庶吉士升任为翰林院编修，担负起给皇帝讲课的经筵讲官职责。他所居住的京城长安灰厂（即今府右街），离翰林院较近。起先在王阳明刚刚落脚不到一个月的工夫，吏部发下一道公文，任命王阳明为南京刑部四川清吏司主事。得知此事，湛甘泉马上找黄绾商量，希望王阳明能够留任北京。他俩依托时任吏部尚书杨一清的斡旋，结果使王阳明无需去南京的刑部任职，而改留在北京的吏部，出任验封事主事。王阳明的职务虽然还是从六品级别的主事，但由政府六部制中“下三部”的刑部改为“上三部”的吏部，实为获得了重用。在明代吏部的文选司、验封司、考功司、稽勋司四大司级政务机构中，验封司主管封爵、袭荫等事务，是吏部排在第二的重要部门，地位仅次于文选司，高于考功司和稽勋司。这样，王阳明留任北京之后，思考把家安置何处时，十分高兴地对湛甘泉大声说道：“乃今可卜邻也！”（《阳明先生墓志铭》）毫不犹豫作出与湛甘泉为邻居的选择，居住在湛甘泉长安灰厂的宅第右边。一个掷地有声的“卜”字，不单单表达出选择的意味，更彰显出王阳明和湛甘泉两人“里仁为美”的择友居仁的志趣情谊。

湛甘泉与王阳明比邻而居，时而谈心论性，时而饮食共进，这样的日子一直到正德七年壬申（1512）二月初七湛甘泉离京前往安南为止，两人前后交往达一年零三个月之久，此为两人交谊23年的时光中朝夕相处最长的一段难忘岁月。在这段特殊的友邻生活中，彼此争鸣，触摸异同，取长补短，让两人的情谊愈加浓厚，对对方的思想旨趣和学术论点有了愈加真切的认知。

王阳明去世后，湛甘泉在他所写的《阳明先生墓志铭》一文中，对王阳明、黄绾和自己相谈甚欢的情景历历在目，心中充满无限感慨：“阳明公……遂就甘泉子长安灰厂右邻居之。时讲于大兴隆寺，而久庵黄公宗贤（指黄绾，黄绾字宗贤，久庵）会焉。三人相欢，合意。”从湛甘泉回忆往事的词句里，也可看出他和王阳明的情谊绝非一般。

三、大兴隆寺会讲

正德五年庚午（1510）的十一月，王阳明进京例行公事。通过湛甘泉的安排，王阳明开始暂住在大兴隆寺。大兴隆寺原名庆寿双塔寺，经明英宗朱祁镇于正统十三年戊辰（1448）重修，改称大兴隆寺，又称大慈恩寺。

明英宗朱祁镇听从太监王振的奏本，差役军民一万多人，花费库银数十万两，耗时八个月，于正统十三年戊辰（1448）十月竣工。重修的大兴隆寺新建一座牌楼，榜额题为“第一丛林”，其壮观程度位于京师寺庙之首。此后，喜好佛教的朱祁镇经常光顾大兴隆寺，使得大兴隆寺名声赫赫，不论是来京贸易的商贾，还是进京赶考的文人，一般都会到此朝拜一番。一些朝廷重臣和名儒学士通常也选择大兴隆寺作为开坛讲学和朋友聚会的场地。

与王阳明一见定交的湛甘泉，已居京师差不多5年，当然懂得大兴隆寺对于王阳明立足于京师的重要作用。所以，湛甘泉一获王阳明要来北京朝觐的消息，便马上安排王阳明落脚在大兴隆寺。投之以桃，报之以李。王阳明在获任吏部验封司主事一职以后，他毫无迟疑地把住处搬到长安灰厂，与湛甘泉结成亲密无间的邻居。

当时，与王阳明来往频繁的主要有两个人，除了湛甘泉这位挚友之外，另一个人就是黄绾。

有一天，王阳明的故友储柴墟领着一个英俊的青年来看望他，这个青年自我介绍叫黄绾。黄绾仰慕王阳明是一位了不起的有思想的人物，讲自己读了不少儒家典籍却摸不着门道，仿佛想要投宿一个客栈，但被一片树林挡住去路，无路可走，实在烦恼不已。但即便如此，黄绾表示咬定青山不放松，要一直坚持学习和探寻儒学之道。黄绾的好学精神让王阳明心中备感春意盎然。接着，王阳明对黄绾修身养性、志于圣贤的志向做了大大的肯定：有志者事竟成，只要立定志向，并找到适当的路径，就会成就圣贤之境。王阳明对黄绾这样讲到，有一条易简的方式可以通向圣贤，那就是做减法。人生在世，视听言动往往被各种各样的欲望所遮蔽，所谓的减法就是去蔽，把树林中的一条条模糊不清的小径澄明出来，把客栈中的杂物撤除干净，这样每一个人的心，就像一个空空的房间，可以让阳光照耀开来。告别时，王阳明又叮嘱黄绾，世上无难事只怕有心人，在事上磨炼，努力将良知推广扩充到事事物物，人是可以成为圣贤的。

志同道合的学者聚在一间或大或小的房屋，谁的学问好，大家就来向他学习，请他进行主旨演讲，这就是“会讲”。通过这次会讲，黄绾执弟子之礼，正式成了王阳明的弟子。几天之后，王阳明便带上黄绾去翰林院拜见老友湛甘泉。

在湛甘泉的屋里，三人坐而论道，论事析理，时间飞逝但大家都言犹未尽。最后几人决定盟誓，要在思想学术上共谋发展，要让同志友谊贯穿他们一生。

从贵州重返北京的王阳明，在结合贵州龙场讲学和主持贵阳文明书院的经验基础上，反复琢磨，用心讲学，名声愈来愈大。再加上湛甘泉和黄绾的齐心协力，随着时间的推移，一些有抱负的官员、学者也不断参与湛甘泉和王阳明主持的讲会活动，像方献夫、乔宇、王纯甫等。

大兴隆寺讲会的自由讲学精神，给当时程朱理学一统的学界带来了一股清新之风。

正德七年壬申（1512）二月初七，湛甘泉遵行朝廷的命令离开北京，出使安南。于是，这个在京城轰动一时的学术小团体被迫散伙，但总算初步奠定了自己的学术影响。

四、驻情诗文

湛甘泉和王阳明交谊一生，以诗言志，以文会友，互通信函，抒发彼此钦慕、彼此信任之情。

正德六年辛未（1511）九月的最后一天，王阳明甚为高兴，但又格外惆怅。高兴的是他刚刚得知湛甘泉被朝廷赐予一品官服的穿戴，任命为出使安南国册封安南王的正使。而惆怅的是与湛甘泉的离别，不知何时再有当面讨论孔孟之学的机会，一起重建和弘扬儒学道统，廓清世人对儒学的歪曲认识。王阳明彻夜难眠，奋笔写出长达653个字的《别湛甘泉序》赠给湛甘泉，希望自己能够和湛甘泉共同承担光大儒学道统的重任。他在赠文中表示这样的意思，颜回死后，孔子之道的统续就断了。曾参只是将孔子一以贯之的宗旨传给了孟子，但孟子之后又中断了两千多年，直到周敦颐、程颢和程颐才又重新接上。然而，自此之后，学者的解释越多，反而使得孔孟之道越晦涩。

王阳明认为，当世不少学者的文章辞句雕琢，媚俗于世。他们漠视文以载道的传统，只是从言辞的表象去议论圣贤的学说，从而致使圣人之学沦为荒废之地。这难道不是雕琢辞章，遗弃义理的陋习？他说自己年幼的时候，没有探讨学问，陷溺在言辞邪僻之中二十多年，才开始用心研究老子和释子的学问，依靠天资的灵明，于是有所觉悟；之后沿着周敦颐、程颐的学说来探索，好像有所获得，除一两个志向相同的人之外，并没有真正遇到他所期望能够相知相契的人，而湛甘泉恰恰正是这样一位相知相契的人。所以，王阳明深有感慨地说道：

> “晚得友于甘泉湛子，而后吾之志益坚，毅然若不可遏，则予之资于甘泉多矣。甘泉之学，务求自得者也。世未之能知，其知者且疑其为禅。诚禅也，吾犹未得而见，而况其所志卓尔若此。则如甘泉者，非圣人之徒欤？多言又乌足病也！夫多言不足以病甘泉，与甘泉之不为多言病也，吾信之。吾与甘泉友，意之所在，不言而会；论之所及，不约而同；期于斯道，毙而后已者。今日之别，吾容无言。夫惟圣人之学，难明而易惑，习俗之降愈下而抑不可回，任重道远，虽已无俟于言，顾复于吾心，若有不容已也。则甘泉亦岂以予言为缀乎？”

强调与湛甘泉结交为友，获益多多，大大增强了自己的信心和力量。“吾与甘泉友，意之所在，不言而会；论之所及，不约而同；期于斯道，毙而后已者”，这是一种发自内心的生死之交友谊誓言。

王阳明自幼豪放不羁，早年对骑射、兵法、辞章、释道都有着较浓的兴趣。但跟湛甘泉的定交，使得王阳明的思想发展出现了重要转折。也就是说，一见定交和大兴隆寺会讲之前的王阳明还泛滥于各家思想，即湛甘泉为王阳明亲手撰写的墓志铭中所讲的“初溺于任侠之习，再溺于骑射之习，三溺于辞章之习，四溺于神仙之习，五溺于佛氏之习”。

的确，湛甘泉儒学思想的成熟要早于王阳明。湛甘泉从弘治七年甲寅（1494）赴江门求学于陈白沙，一直到弘治十三年庚申（1500）陈白沙离世，经过六年的专研，体悟江门心学的“学宗自然”要义，在陈白沙“静中养出端倪”的观点基础上创造性地提出了“随处体认天理”的独到学说。所以，王阳明才会由衷地告诉别人，说自己做官多年，从未遇见过像湛甘泉这样富有思想见地的人。对与湛甘泉交友后在思想上所获的启示和肯定，他发自内心地说道：“晚得友甘泉湛子，而后吾之志益坚，毅然若不可遏，则予之资于甘泉多矣。”坦然承认湛甘泉的学术思想对自己的影响。

在《别湛甘泉序》一文中，王阳明重在阐述和湛甘泉学术思想的交融，希望以友谊为纽带来共同开创振兴孔孟之学的新局面。

友人的别离乃至落难，还有学术思想的南辕北辙，往往会对友谊造成一定的负面作用。然而，湛甘泉与王阳明彼此之间的友谊并没有因此而有所淡薄，反而愈加深厚。

湛甘泉和王阳明在京师一见定交之后，不久王阳明便因得罪把持朝政的宦官刘瑾而下狱，并被发配到贵州的龙场驿。但湛甘泉无惧刘瑾的淫威，照样肝胆相照，坚定地把王阳明视为志同道合的挚友。眼见挚友饱受摧残，且要贬谪遥远的异乡，湛甘泉满心酸楚，依依不舍。湛甘泉身无长物，唯有赋诗话衷肠，为王阳明送上《九章赠别并序》，用九首诗来歌颂两人之间的友情：

其一

窈窕者谁子，绝代亮无双。
不谙小姑性，以直终见伤。
虽则终见伤，中情容何妨？
谁为别鹄吟，此曲多慨慷。

其二

迟迟别帝都，迟迟胡乃尔。
臣躯易弃捐，臣心讵能死？
天王会圣明，帝阍亦孔迩。
援琴不成声，掩抑泪横泗。

其三

黄鸟亦有友，空谷遗之音。
相呼上乔木，意气感人深。
君今脱网罟，遗我在远林。
自我初识君，道义日与寻。
一身当三益，誓死以同襟。
生别各万里，言之伤我心。

其四

北风吹湖船，帆挂南岳树。
祝融下玉坛，却立问来去。
知君有仙骨，相期事轻举。
胡为凌风波？恐为蛟龙取。
君若访五峰，愿留共君住。

其五

行行过湘浦，举首望九疑。
若见重华墓，为我三拜之。
三拜之不足，稽首重致辞。
都俞事久阔，嗟予将安归？

其六

我有三尺木，囊括久不弹。

一朝遇知音，为君初上弦。
上弦含清响，未弹意先传。
赠君别鹤操，报我以孤鸾。

其七

皇天常无私，日月常盈亏。
圣人常无为，万物常往来。
何名为无为，自然无安排。
勿忘与勿助，此中有天机。

其八

穷索不穷索，穷索终役役。
若惟不穷索，是物为我隔。
大明无遗照，虚室亦生白。
至哉虚明体，君子成诸默。

其九

天地我一体，宇宙本同家。
与君心已通，离别何怨嗟。
浮云去不停，游子路传赊。
愿言崇明德，浩浩同无涯。

这九首诗感情真挚充沛，笔势纵横捭阖，分别从不同的典故和意象入手，既抒发了对王阳明贬谪别离的不舍心境，又鼓励王阳明要振奋精神，不要被困难击倒，守望理想，就可达到“天地我一体”的君子境界。第一首诗借用《诗经·周南·关雎》“窈窕淑女，君子好逑”和杜甫《佳人》“绝代有佳人，幽居在空谷”的典故，将王阳明比作绝代无双的“窈窕之子”，对他所遭遇到的伤害感到万般的痛惜和愤懑。第二首诗告慰王阳明离开京师是暂时的，要坚信总有回来报效国家的那一天。耳闻《别鹄》的曲调已泣不成声，真是难舍难分啊！第三首诗说王阳明是一个嘤嘤的“黄鸟”，你我同声相喈。一见定交后，彼此惺惺相惜，如切如磋，对人生和学问的理解日益加深。兄弟保重，生死与共。千山万水，伤透我心！紧接着的第四首诗和第五首诗，湛甘泉展开想象的翅膀，呼啸的北风把渡船一直吹到洞庭湖、湘江，驻足南岳衡山时祝融会与你促膝谈心。自古以来人生谁能躲一险？假如你拜访祝融、紫盖、云密、石廪、天柱五峰山，我心愿与你一起同游。在湘江之滨，放眼就可以看到九疑山，如果瞻仰虞舜之墓，请你为我叩首三拜。之后，慎终追远，再写一篇祭文来悼念功德无量的虞舜，畅想尧舜君臣之间的和谐景象，这样或许对贬谪之旅有些许安慰！目送远行千里的孤帆扁舟，湛甘泉为排遣王阳明的苦闷和愤慨，又奉上第六首诗，说自己有把三尺木琴，但知音难觅，静静躺在琴囊里，好久都无人弹奏了。他乡遇知音，你我京师初识，就像俞伯牙遇见钟子期，邂逅真正的人生知己，头一回拭去琴囊灰尘，初上的琴弦之声格外清澈嘹亮。你我心心相印，我赠送你一曲《别鹤操》，你赠送给我一首《孤鸾操》。《别鹤操》是汉乐府著名的琴曲，商陵牧子娶妻五年，没有生育，其父令他把妻子休了。妻子半夜悲啸不已。牧子面对恩爱的妻子怆然而歌：“将乖比翼隔天端，山川悠远路漫漫，揽衣不寝食忘餐！”后人颇为感动，为之谱曲而定名《别鹤操》以表达夫妻分离之伤。《孤鸾操》的曲名及意境源自东晋著名诗人陶潜的《拟古》诗：“上弦惊别鹤，下弦操孤鸾。”湛甘泉琴瑟友之，实在不忍与王阳明的别离。挚友阳明啊，你走后，抛下我孤身一人在京师，还有谁和我共话学术，交流心得？从中我们不难感受湛甘泉与王阳明之间的情真意切。湛甘泉毕竟是湛甘泉，他是一个富有思想追求的人。于是，在给王阳明的第七首和第八首赠别诗中，他并没有只是停留在叹息和感伤之中，还须有人生理想上的共勉。作为道义至交，湛甘泉勉励王阳明要效仿天地的自然无为，应在勿忘勿助中去体认天理，殷殷希望王阳明发扬“吾将上下而求索”的精神，克服时艰，守望理想，终究能成就君子之境。在末尾的第九首诗里，湛甘泉直抒胸臆，吟出“与君心已通，离别何怨嗟”，把对挚友的离别、牵挂寄托给化生万物的天地宇宙，让友情始终伴随王阳明，无论在龙场之偏还是在天地之涯。我们彼此就用“天地我一体，宇宙本同家”这句豪气冲天的话来共勉吧！

湛甘泉的九首赠别诗一气呵成，写于正德二年丁卯（1507）的闰正月初一。王阳明手捧湛甘泉的感人诗篇，也情不自禁作了八首咏怀诗，既是答谢，也是共勉。

其一

君莫歌九章，歌以伤我心。
微言破寥寂，重以离别吟。
别离悲尚浅，言微感逾深。
瓦缶易谐俗，谁辩黄钟音？

其二

君莫歌五诗，歌之增离忧。
岂无良朋侣？洵乐相遨游。
譬彼桃与李，不为仓囷谋。
君莫忘五诗，忘之我焉求？

其三

洙泗流浸微，伊洛仅如线。
后来三四公，瑕瑜未相掩。
嗟予不量力，跛蹩期致远。
屡兴还屡仆，惴息几不免。
道逢同心人，秉节倡予敢。
力争毫厘间，万里或可勉。
风波忽相失，言之泪徒泫。

其四

此心还此理，宁论己与人。
千古一嘘吸，谁为叹离群。
浩浩天地内，何物非同春。

相思辄奋励，无为俗所分。
但使心无间，万里如相亲。
不见宴游交，征逐胥以沦。

其五

器道不可离，二之即非性。
孔圣欲无言，下学从泛应。
君子勤小物，蕴蓄乃成行。
我诵穷索篇，于子既闻命。
如何圜中士，空谷以为静。

其六

静虚非虚寂，中有未发中。
中有亦何有？无之即成空。
无欲见真体，忘助皆非功。
至哉玄化机，非子孰与穷。

其七

忆与美人别，赠我青琅函。
受之不敢发，焚香始开缄。
讽诵意弥远，期我濂洛间。
道远恐莫致，庶几终不惭。

其八

忆与美人别，惠我云锦裳。
锦裳不足贵，遗我冰雪肠。
寸肠亦何遗，誓言终不渝。
珍重美人意，深秋以为期。

王阳明这八首咏怀诗少有即景抒情的笔触，更多的是以理入诗，情理交融，“岂无良朋侣？洵乐相遨游”，“此心还此理，宁论己与人”，“相思辄奋励，无为俗所分”，“君子勤小物，蕴蓄乃成行”，人生只要有湛甘泉这样的良朋益友，又何惧远贬异乡，既流露出王阳明对同志友情的珍重，也再现了王阳明的一种倜傥不群、乐观向上的精神。

正德三年戊辰（1508）的腊月二十七，转眼间王阳明在贵州龙场已过两载。湛甘泉想念老友，夜不能寐，写下《戊辰腊廿七夜梦王伯安兄》，诗中充满对王阳明的思念：

四时有去来，逐客久不至。
天运尚可量，人事谁能计？
昨夜梦见之，仿佛精神契。
语久声弥低，画地示予字。
来没不可辨，了了得其意。
言别何匆匆，路远会难继。
合欢讵知梦，是梦聊足慰。
借如平生魂，亢爽不可致。
念之生悲凄，达旦不能寐。

春来秋去运行有常，人生际遇却是变化无常。归期无着日子长，我们只能梦中相会，精神放飞。湛甘泉对王阳明的思念之情跃然于纸上，令人肃然起敬！可以说，湛甘泉在诗文中所倾注的友情对龙场时期的王阳明是弥足珍贵的。它犹如寒夜里的一把火，始终温暖着王阳明。所以，当正德二年丁卯（1507）王阳明得知自己的三位爱徒徐爱、蔡宗兖、朱节皆中举要到京师任职，激动地写了一篇《别三子序》，鼓励他们一定要做一个有志之士。文中强调说大凡有志之士都必须求助于师生朋友，“故凡有志之士，必求助于师友，无私友之助者，志之弗立弗求者也。自予始知学即求师于天下，而莫予诲也；求友于天下，而与予者寡矣；又求同志之士，二三子之外，邈乎其寥寥也”。王阳明拿自己举例子，讲他打小就开始知道学习要求师于天下的道理，却很难遇到一个真正的良师益友来教诲自己。在王阳明看来，堪称志同道合的人是寥寥无几的，而湛甘泉正是这寥寥无几的二三同志好友之一。所以，他在《别三子序》的结尾叮嘱徐爱、蔡宗兖、朱节抵达京师后，一定要求教于自己的同志好友湛甘泉。他的原话是这样的：

> "增城湛原明宦于京师，吾之同道友也。三子往往见焉，犹吾见也已。"（《泉翁大全集·祭徐郎中曰仁文》）

他跟徐爱、蔡宗兖、朱节三位爱徒交代，来自增城的湛甘泉虽为京师做官之人，也确是我的志同道合的朋友。你们三位前去拜见，就好像我去看望他一样。

王阳明不仅敬重湛甘泉本人，而且也十分敬重湛甘泉的母亲陈氏夫人。正德十年乙亥（1515），湛甘泉从京师护送其母灵柩停留南京，王阳明特意前往吊唁，还欣然答应湛甘泉的请求，专门写了一篇《湛贤母陈孺夫人墓碑》。这里值得一提的还有，嘉靖六年丁亥（1527）王阳明经广西梧州回浙江越城的途中，有意绕道增城，探访湛甘泉故居，并在其屋挥毫赋诗《题甘泉居》一首，诗曰：

我闻甘泉居，近连菊坡麓。
十年劳梦思，今来快心目。
徘徊欲移家，山南尚堪屋。
渴饮甘泉泉，饥餐菊坡菊。
行看罗浮山，此心聊复足。

当时湛甘泉在外为官，并没有居住在增城老家，而此时的王阳明已病入膏肓，却念念不忘笃交一生的"心友""情友"，是那么渴望再一次能面对面地促膝谈心，再一次与湛甘泉做邻居，一起闻着菊花的馨香，仰慕菊花孤标劲节的品格；沿着湛甘泉的足迹，一起分享求知问学的乐趣。"徘徊欲移家，山南尚堪屋。渴饮甘泉泉，饥餐菊坡菊。"这溢于言表的诗句情韵俱佳，感人至深。告别湛甘泉的故居，是王阳明最后一次向湛甘泉辞行，也是王阳明最后一次表达对湛甘泉的不舍，真切地展现出他和湛甘泉终生不移的“道义之交”情谊！

王阳明带着对湛甘泉的眷念，拖着沉疴的病躯行至江西南安（今大余县），于嘉靖七年戊子（1528）十一月二十九走到了生命的尽头。听闻王阳明病故的消息，湛甘泉痛心不已。老友逝去，绵思驻心！在王阳明离世后的第四个月，湛甘泉思绪万千，感慨不已，写下一篇《奠王阳明先生文》，深切追思自京师一见定交以来，龙场之变，长安之聚，册封安南之别，滁阳之会，龙江之吊，直至王阳明去世的23年的情谊，其中洋洋可观的平仄押韵、对仗工整的四句文，给人留下难以忘却的印象：

嗟惟往昔，岁在丙寅。与兄邂逅，会意交神，同驱大道，期以终身。
浑然一体，程称识仁。我则是崇，兄亦谓然。既以言去，龙场之滨；
我赠九章，致我殷勤。聚首长安，辛壬之春。兄复吏曹，于吾卜邻。
自公退食，坐膳相以；存养心神，剖析疑义。我云圣学，体认天理；
天理问何？曰廓然尔。兄时心领，不曰非是，言圣枝叶，老聃释氏。
予曰同枝，必一根柢。同根得枝，伊尹夷惠。佛于我孔，根株咸二。
奉使安南，我行兄止；兄迁太仆，我南子北。一晤滁阳，斯理究极。
兄言迦聃，道德高博，焉与圣异，子言莫错。我谓高广，在圣范围。
佛无我有，中庸精微。同体异根，大小公私。斁叙彝伦，一夏一夷。
夜分就寝，晨兴兄嘻。夜谈子是，吾亦一疑。分呼南北，我还京圻。
遭母大故，扶柩南归。迓吊金陵，我戚兄悲。及逾岭南，兄抚赣师。
我病墓庐，方子来同。谓兄有言，学竟是空。求同讲异，责在今公。
予曰岂敢，不尽愚衷。莫空匪实，天理流行。兄不谓然，校勘仙佛。
天理二字，岂由此出？予谓学者，莫先择术。孰生孰杀，须辩食物。
我居西樵，格致辩析。兄不我答，遂尔成默。壬午暮春，予吊兄戚。
云致良知，奚必故籍。如我之言，可行厮役。乙丙南雍，遗我书尺。
谓我训规，实为圣则。兄抚两广，我书三役。兄则杳然，不还一墨。
及得病状，我疑乃释。遥闻风旨，开讲穗石。但致良知，可造圣域。

体认天理，乃谓义袭。勿忘勿助，言非学的。离合异同，抚怀今昔。切嗟长已，幽明永隔。

纵观湛甘泉和王阳明的一生往来，他们两人的交情是双向互动的。从正德十年乙亥（1515）到嘉靖元年壬午（1522）的7年时间里，湛甘泉和王阳明各自忙于各自的公务，几乎没有见面的机会。因此，他们之间的交往方式是通过书信的往来。根据相关文献的记载，他们互通书信是比较密切的，留存下来的有16封。湛甘泉写给王阳明的有13封，但王阳明因忙于战事和公务，回复有3封。他们的书信中除了抒发友情之外，多是交流思想，切磋学术。从书信的函达之间，人们不难看出他们有着学术上的共同追求，也有着学术上的不同看法。湛甘泉主张“随处体认天理”，王阳明倡导“致良知”，两人各抒己见，竞相争鸣，谁也说服不了谁。可以说，学术上的分歧丝毫没有损伤到他们的友情，反而是成为他们交谊的催化剂。

第二章
天理良知　和而不同

湛甘泉、王阳明的交谊不仅体现于诗文情感的表达，而且展现在思想学说的论辩。他们两人的友情至死不渝，在思想学说上却和而不同，不乏分歧。湛甘泉宣扬“随处体认天理”的思想宗旨，认为“随心、随意、随身、随家、随国、随天下”，到处都可以认知天理；王阳明则标榜“致良知”的思想宗旨，认为“吾心之良知，即所谓天理也”，强调无需外求，只要发明本心、善于内求、功夫到家，便自然可以成就理想人格。他们各自本着自己的思想体系，通过各标宗旨、格物之辩、内外之辩、知行之辩、勿忘勿助之辩诸层面进行辨析，不断争论，相互启发，营造出明代心学繁荣的思想氛围。

一、各标宗旨

明末清初著名学者黄宗羲在《明儒学案》一书中指出：“王、湛两家，各立宗旨。”“先生（湛甘泉）与阳明分主教事，阳明宗旨致良知，先生宗旨随处体认天理。学者遂以王、湛之学各立门户。”这样的评价可谓一语中的。因为它言简意赅，准确而扼要地概括出了湛甘泉和王阳明各自的思想宗旨。湛甘泉继承并发展乃师陈白沙的心学思想，与王阳明大力倡导心学，但他所谓“随处体认天理”的主张和王阳明的“致良知”学说形成强烈的对比，成为两人思想差异的显著标识。在湛甘泉看来，“圣学工夫至切至要，至简至易之处，总而言之，不过只是随处体认天理。”（《泉翁大全集·四勿总箴》）主张天理无内外之分。天理是心的本体，但又不离外物而存在。而王阳明远绍孟子的“良知”“良能”思想，近接陆九渊“心即理”的命题，倡导“良知即天理”“致良知”的学说，主张心外无理。实事求是地说，在当时的明中叶学术思想界，湛甘泉和王阳明无愧于各标宗旨的两位心学巨擘。

湛甘泉和王阳明虽皆属心学派别，但两者仍存不少歧见，其中根本性的歧见即是湛甘泉以“随处体认天理”为思想宗旨，王阳明以“致良知”为思想宗旨。所谓“宗旨”一词，源自南北朝的梁武帝“标其宗旨，辨其短长”（《敕答臣下神灭论》），其引申之意为在考量得失基础上所作的价值判断，是自己为学的出发点和归宿点，也是对他人治学的思想意图进行权衡的尺度。原始的孔孟儒家哲学自宋明嬗变为一种形而上的道德哲学以来，越来越多的理学家或心学家拾起“宗旨”这一话语，各自为之注入新的内涵，颇具标新立异的色彩，又含变旧立异的趣味。那么，湛甘泉所谓“随处体认天理”的内涵究竟是什么？王阳明极力倡导的“致良知”的旨趣到底又是什么？王阳明的思想成熟虽较湛甘泉为晚，但其宗旨一旦标立，则形成与湛甘泉思想竞相争鸣之势，并呈现突破和超越程朱理学的局面。

先看湛甘泉的“随处体认天理”这一宗旨。“随处体认天理”宗旨的创立和展开，凝聚了湛甘泉毕生的致思活动，展现于他的政治、教育和文化以及经济等社会实践中。

“随处体认天理”宗旨的萌生，可以追溯到湛甘泉求学于陈白沙时的丁巳之悟。弘治七年甲寅（1494）二月，经陈白沙弟子梁景行的介绍，29岁的湛甘泉前往江门，拜师于陈白沙。在陈白沙耳提面命的三年教诲中，湛甘泉系统学习程颢、程颐的理学思想，感悟二程所说的“吾学虽有所受，天理二字，却是自家体认出来”，并省思李侗所说的“默坐澄心，体认天理”，获得很大的启发。通过一番沉潜探索，终于在弘治十年丁巳（1497）悟出“随处体认天理”的思想宗旨。因弘治十年是农历的丁巳年，故对其体证式的“随处体认天理”之旨自得，称为丁巳之悟。

丁巳（1497）早春二月，湛甘泉从江门回到增城。在家居期间，32岁的湛甘泉写了一篇《上白沙先生启略》的文章，正式提出“随处体认天理”的思想宗旨。从此以后，以落实天理为依归的“随处体认天理”思想伴随湛甘泉一生的言行举止。毫不夸张地说，丁巳之悟深深烙印在湛甘泉后来63载春秋的政治、教育、经济、学术等所有活动之中。

作为湛甘泉一生立德、立言、立功基本原则的“随处体认天理”，他为之注入了这样几个方面的含义：

首先，“随处体认天理”是随时随地、随动随静的。“天理”是湛甘泉伦理思想的核心范畴，他把“天理”作为人的本质属性和道德理性，认为“天理”即仁义道德之理。从思想的形式上来看，湛甘泉的确是取法于二程及其三传弟子李侗的“体认天理”之语。但相对于二程、李侗而言，究竟如何体认，体认天理的什么内容，湛甘泉都更加充实、完备。他在给王阳明一封谈论格物问题的信中说道：“吾之所谓随处云者，随心、随意、随身、随家、随国、随天下，盖随其所寂所感时耳。”（《泉翁大全集·答阳明王都宪论格物》）另外，在给同科进士顾应祥的一封信中，湛甘泉特意强调“随处体认天理”时须要做到知行并进，“所谓‘随处体认天理而涵养之’者也。若然，则知行并进矣”。（《泉翁大全集·答顾箬溪佥宪》）总体上说，湛甘泉所说的“随处”一词含有空间和时间的意味。从空间的角度来说，“随处”是个统摄内和外两者的范畴，既指主体之内也指主体之外。心、意、身属于主体自身，即关乎于内；家、国、天下则属于客体外在，即存在于主体自身之外。也就是说，世界上无一处不可以认知“天理”。而从时间的角度来说，“随处”是个兼具动和静两者的范畴，既指主体之动也指主体之静。“随其所寂所感时”中的寂可归于静，感则属于动。无论动时还是静时，无时无刻都可体认天理。依照湛甘泉的意见，主体自身一直处于变居不动之中，主体始终处在动中有静和静中有动的状态。所以，“随处体认天理”一定要贯穿于动静相洽之中。用湛甘泉自己的话来讲，就是“所谓随处体认天理者，随未发已发，随动随静。盖动静皆吾心之本体，体用一源”。（《明儒学案·甘泉学案一》）显而易见，湛甘泉所谓的“随处体认天理”蕴含了读书明理、论学取友、往来酬应、洒扫进退等随时随处的时空中皆可求体认天理而涵养的意义。

其次，“随处体认天理”是“心”的认识功能。在“心”的内涵规定上，湛甘泉认为，“心”是宇宙的本体，万物由“心”生成。也就是说，“心”不仅有本体功能，还有认知功能。而则是“随处体认天理”是“心”的一种特有的认识功能。他曾给王阳明、聂豹的信中分别阐释说：

“人心与天地万物为体，心体物而不遗，认得心体广大，则物不能外矣。”（《泉翁大全集·先次与阳明鸿胪》）

“盖心与事应，然后天理见焉，天理非在外也。特因事之来，随感而应耳，故事物之来，体之者心也。心得中正则天理矣。”（《泉翁大全集·答聂文蔚侍御五条》）

总而言之，湛甘泉认为学无难易，“要在察见天理”（《泉翁大全集·寄王纯甫验封》），“要在随处体认天理而已，体认这心思之用也”（《圣学格物通·谋虑上》）。希望学者用心思考，随时随地体认天理。

其三，“随处体认天理”旨在成就“仁熟义精”的道德境界，实现修身齐家平天下的人生理想。从心本论的立场出发，湛甘泉进一步对“心”的认识功能做了具体解释，指出“心”之思的入手处在于“识种子”：

“学者须识种子，乃不枉了功夫。何谓种子？即吾此心中这一点生理，便是灵骨子也。今人动不动只说涵养，若不知生理，徒涵养个甚物？……精神在卵内，不在抱之者，或人之言，亦不可废也。明道先生言‘学者须先识仁’。”（《泉翁大全集·新泉问辨录》）

这个“种子”即是理学奠基人程颢倡言的儒家道德范畴中至高的仁德，而体认天理就是识得这个“种子”的涵养功夫，围绕仁之“端点”进行理智活动，使人生而具有的道德潜能充分地扩充开来，日积月累以达“仁熟义精”的道德境界。在湛甘泉的心目中，成就“天理极致”和“仁熟义精”之境的典范首推孔子。他的这一思想也清晰地表露在与王阳明的书信往来上：

“殊不知孔子至圣也，天理之极致也，仁熟义精也。然必七十乃从

心所欲不踰矩。人不学，则老死于愚耳矣。”（《泉翁大全集·答阳明王都宪论格物》）

湛甘泉用“仁熟义精”一词来总结孔子70岁从心所欲不逾矩的修养境界，意思是将学业与志业合一的集大成时，对所学所感的任何东西都能娴熟于心，游刃有余，到处随心所欲都能自由而自在。落实在社会实践上，无论是齐家还是治国抑或平天下均可成功。一旦拥有“仁熟义精”的境界，即使遭遇“终日酬酢万变，朝廷百官万事，金革百万之众，造次天平颠沛”之际也依旧能“澄然无一物，何往而不呈露耶”。（《泉翁大全集·答阳明王都宪论格物》）湛甘泉把“仁熟义精”和“随处体认天理”贯通在一起，强调只有到达“仁熟义精”的境界，“随处体认天理”才算真正有了归宿：

“须是义精仁熟，此心洞然与之为体，方是随处体认天理也。”（《明儒学案·甘泉学案一·语录》）

如果一个人达到“仁熟义精”的境界，就意味着他的内心世界和外在行为浑然一体，其所有的思想行为无一不是“随处体认天理”。

了解湛甘泉的“随处体认天理”的含义后，接下来谈谈王阳明的“致良知”思想宗旨。

良知的概念，源自《孟子·尽心上》。孟子说：“所不虑而知者，其良知也。”不学而知的、不学而能的、先天具有的判断是非与善恶的能力，即是良知。王阳明沿袭孟子“良知”概念，吸纳陆九渊“心即理”学说，并借鉴湛甘泉心学思想，提出了“致良知”的思想宗旨。

王阳明自称：“吾平生讲学，只是致良知三字。”（《致正宪男手墨二卷》）“致良知是学问大头脑，是圣人教人第一义。”（《传习录中》）“致良知”的确是王阳明一生不同时期学说的概括，也是他平生政治、军事经验的总结。他对“致良知”宗旨，湛甘泉基本认同。在湛甘泉任南京国子监祭酒期间和友人的通信中，湛甘泉虽佩服王阳明的“致良知”为学宗旨，但亦指出其中的流弊。对于王阳明来说，“致良知”并不只是一个单纯的学术思想，拿王阳明自己的话说，是“某于此良知之说，从百死千难中得来”（《王阳明全集·刻文录叙说》），是其毕生出入于困境，驻心穷达，从所遭遇的政治、军事活动等涉及的人生哲学的体悟而归纳的智慧结晶。也就是说，王阳明以“致良知”为宗旨绝非空穴来风，实与他的龙场悟道、平定宸濠、忠泰之变等系列性命攸关事件所触发的省思紧密相连。明白这一点，就不难理解王阳明讲的：“吾良知二字自龙场以后，便已不出此意，只是点此二字不出，与学者言，费却多少辞说。”（《王阳明全集·刻文录叙说》）“自经宸濠、忠泰之变，益信良知真足以忘患难，出生死。”（《王阳明全集·年谱》）迨至正德十六年辛巳（1521）王阳明始揭“致良知”之教。对此，他的得意弟子钱德洪回忆说道：“良知之说发于正德辛巳年，盖先生再罹宁藩之变，张、许之难，而学又一番证透。”（《王阳明全集·刻文录叙说》）

在王阳明看来，良知就是心之本体。而这个本体，从天道观、认识论和伦理学三个维度进行观照，蕴含三个彼此有别而又互有关联的规定意义。

首先，“良知”是宇宙的本体。王阳明认为良知是意义世界的根据。天地万物都依赖良知而存在。它是造天造地、成鬼成帝的造化精灵。宇宙的所有一切都是由这个精灵造就的，任何事物都无法与它相比。

第二，“良知”是先验的认识主体，是辨别是非的认识能力。王阳明认为良知并不是从见闻上产生的，而见闻都是良知的作用，因此，良知不局限于见闻，但也离不开见闻。并举孔子所言：“吾有知乎哉？无知也。”为例，指出良知以外，再别无他知。告诫人们致良知是做学问的关键，是圣人教人诲人的第一要义。如只在见闻的细枝末节上寻求，那就失去了主宰，寻求的只是次要问题了。

总之，一切闻见之知都依赖于良知而存在，是良知的作用和表现。良知作为认识主体，认识的过程就是“致吾心之良知于事事物物”（《传习录中》）。事事物物作为认识的对象也是心的产物，所以认识便是以自我的良知来认识事事物物，以求得“事事物物皆得其理”（《传习录中》），进而达到“合心与理而为一”（《传习录中》），这便构成整个认识过程。正是基于这样的认识，王阳明强调：“吾教人致良知，在格物上用功，却是有根

本的学问。日长进一日，愈久愈觉精明。世儒教人事事物物上去寻讨，却是无根本的学问。”（《传习录下》）

第三，“良知”是伦理学上的“心”，即伦理道德原则和道德规范。在王阳明的心学范畴体系中，“良知”与分辨是非之“心”是同一层次的范畴，“良知只是个是非之心，是非只是个好恶。只好恶，就尽了是非。”（《传习录下》）良知具有判断是非的作用。有一回王阳明讲解《中庸》中的“修道之谓教”这句话时，作出“道即教”的阐述。一个学生提问：“道为什么就是教？”王阳明回答：“道就是良知，良知本来是完完全全的，正确的就给他个正确的，错误的就给他个错误的，对错只根据良知，这样就不会再有闪失，良知是每个人真正的老师。”

作为体现在事亲、从兄之中应该遵循的道德原则，“良知”亦是孝、悌、恻隐等具体的道德规范，“使人于事君、处友、仁民、爱物，与凡动静语默间，皆只是致他那一念事亲、从兄、真诚、恻怛的良知。”（《传习录中》）王阳明的意思是“良知”能够知善知恶，推致“良知”可以让人在辅佐君王、结交朋友、仁爱百姓、喜爱事物和动静语默中处处得心应手，不会存在疏漏的问题。

整体而言，落实到伦理教育上，王阳明的“致良知”旨在把道德意识和道德实践融为一体，教人通过主体的意识活动达到自我道德的修养，规范自我的行为，让心回到本真状态。这是王阳明“致良知”思想宗旨的出发点和归宿点。

“随处体认天理”和“致良知”浸透着湛甘泉、王阳明的价值取向，也反映出他们之间的学术分歧。嘉靖五年丙戌（1526）正月，王阳明在给弟子邹守益的一封信中，这样评价湛甘泉的“随处体认天理”宗旨：“因见得良知两字比旧愈加亲切。真所谓大本达道，舍此更无学问可讲矣。‘随处体认天理’之说，大约未尝不是，只要根究下落，即未免捕风捉影，纵令鞭辟向里，亦与圣门致良知之功尚隔一尘。”（《寄邹谦之》）王阳明的字里行间，自信之情溢于言表，把自己提出的“致良知”抬升到孔孟圣学的高度，是大本达道的亲切之学，认为世间除了自己的“致良知”以外，再也没有学问可讲了。至于湛甘泉的“随时随处体认天理”的说法，初略看来也没什么不对，但要仔细根究起来，则未免有些捕风捉影，即使这种学说鞭辟向里，但仍与自己的“致良知”宗旨有一尘之隔，并十分感慨地说“随处体认天理”是“失之毫厘，便谬以千里”，这是王阳明第一次对湛甘泉的“随处体认天理”宗旨表示公开批评。而此前的王阳明是比较肯定湛甘泉“随处体认天理”宗旨的，像他在正德十六年辛巳（1521）回复湛甘泉的一封信里，就这样说道：“随处体认天理是真实不诳语，鄙说初亦如是；及根究老兄命意发端处，却似有毫厘未协，然亦终当殊途同归也。”（《王阳明全集·答甘泉》）意思是讲，湛甘泉所说的“随处体认天理”是一句真实而虚假的话，我的思想旨趣起初也是如此。只是深入考究其中的内在意蕴，却好像有一些毫厘之处不协调，但是终将会殊途同归。

面对王阳明或隐或显的批评，湛甘泉求同存异，围绕格物之辩、内外之辩、知行之辩、勿忘勿助之辩、儒释之辩等问题展开论争。这里必须一提的是，他们虽有论争，有时也不免意气用事，但始终并未破坏两人之间的深厚情谊。

二、格物之辩

湛甘泉、王阳明各标宗旨，分主教席，在不少话题上争辩不断，格物之辩即是其中之一。

湛甘泉基于“随处体认天理”的立场讨论格物，而王阳明基于“致良知”的立场讨论格物，两人在格物之辩问题上互相辩难。湛甘泉、王阳明的格物之辩始于正德十年乙亥（1515）的龙江之辩。这一年，来自江西临川的陈九川在南京的龙江关首次见到王阳明。当时，湛甘泉护送母亲灵柩回乡正好途经南京。王阳明听到消息，特意前往龙江吊唁，并应湛甘泉之意，为湛甘泉母亲撰写《湛贤母陈太孺人墓碑》。会面期间，两人专门就“格物”问题进行辩论。湛甘泉以“随处体认天理”为宗旨去解释“格物”，认为“格物”应在“物”上体认天理。王阳明提出异议，认为湛甘泉的“格物”之说是“求之于外”，即求诸于心外。对这次格物之辩的思想交锋，陈九川写有这样一则记录：“正德乙亥九川初见先生于龙江，先生与甘泉先生论格物之

说，甘泉持旧说，先生曰：是求之于外了。甘泉曰：若以格物理为外，是自小其心也。”（《传习录中》）

自龙江分别之后，湛甘泉很快就给王阳明写了一封信，说道:“昨承面谕《大学》格致之义，以物为心意之所著。”（《与阳明鸿胪》）所谓“昨承面喻《大学》格物之说”，即陈九川在《传习录》记录的乙亥龙江之辩。湛甘泉质疑王阳明的“意之所著”的理论，批评王阳明将“物”仅仅定义为“意”的对象，而不是涵盖客观世界中的所有事物。之后，两人保持通信，而且还与其他学者切磋，反复论辩格物之义的两个问题，一是所谓“格物”的“格”和“物”的内涵是什么；二是“格物”的方式是什么。

要弄清湛甘泉和王阳明在格物之辩上的学术分歧，须要先对“格物”问题的思想由来有所了解。

“格物”的思想源于儒家经典《大学》的“格物致知”表述。“格物致知”是《大学》“八条目”的首义。《大学》载言：

> “致知在格物。物格而后知至，知至而后意诚，意诚而后心正，心正而后身修，身修而后家齐，家齐而后国治，国治而后天下平。”

“格物”“致知”“诚意”“正心”“修身”“齐家”“治国”“平天下”，这就是《大学》倡导的“八条目”。依照《大学》的思想逻辑，“八条目”的第一阶段是“格物”，它是内圣外王的先手之处，意即获得修身齐家治国平天下的“穷人理”的门径。然而，《大学》文本并未给出“格物”的定义，也没有作出具体的解说。这样就给后来的儒家学者留下了很大的阐释空间。宋明理学诞生伊始，十分关注“格物致知”的问题。程颢、程颐非常重视《大学》研究，特别是其中的“格物致知”的义理阐释。程颢写有《改正大学》，其胞弟程颐也著有《改正大学》。朱熹继承二程理学思想，专门写了一篇《格物补传》，将“格物”解释为“即物穷理”。朱熹这样的解释会使人们产生一个疑惑，就是“穷人理”和“穷物理”有着怎样的关联，“穷人理”为何要“穷物理”？

论及“格物”之“物”，朱熹的观点是“物，犹事也。穷至事物之理”，“格物二字最好。物，谓事物也。”显而易见，朱熹是把“物”解读为“事”或“事物”。具体来说，在朱熹看来，“盖天下之事，皆谓之物”，“眼前凡所应接的都是物。”也就是说，“物”的内涵丰富，外延广泛，一切的天下之事都属于“物”。因之，朱熹主张“物我一理”，“今日格一物，明日格一物”，日积月累，专心用力，豁然贯通，便可达到“尽人之性”“穷人之理”。

青年时期的王阳明深受朱熹的思想影响，曾做过一番“格物穷理”的工夫。他以自家门庭的竹子为对象，冥思苦想地“格”了整整七天。劳思成疾，也没有“格”出竹子之“理”。直到后来贬谪贵州，经过龙场悟道，才与朱熹思想分道扬镳。王阳明龙场悟道的一个重要结论，是发现朱熹的“格物”之学析心与理为二，错误地教导人们“即物穷理”，逐事逐物探索其“理”。按照王阳明的看法，“理”应当是指“至善”之理，也就是道德的根本原理，不能说这个原理在外在于主体的客观事物上。他给当时的一位著名学者顾东桥写了一封长信，对朱熹“格物”之说深表怀疑：

> “朱子所谓格物云者，在即物而穷其理也。即物穷理是就事事物物之上求其所谓定理者也。是以吾心而求理于事事物物之中，析心与理为二矣。夫求理于事事物物者，如求孝之理于其亲之谓也。求孝之理于其亲，则孝之理其果在于吾之心邪，抑果在于亲之身邪？”（《传习录中》）

王阳明认为朱熹所谓的“格物”，是指在事物中穷究事物的理，即物穷理，是从各种事物中去求理，如此就把心与理分开为二了。在事物中求理，犹如在父母那里寻求孝的理。在父母那里寻求孝的理，那么，孝的理究竟是在我的心中还是在父母的身上呢？如果真在父母身上，而父母去世后，孝的理在我心中不就消失了吗？

王阳明还援引孟子的思想，强调“理”并不存在于外在的事物对象上。一个人看见小孩子掉入井里，自然会产生恻隐之心，怎么可以说小孩子身上有恻隐之理。看见小孩子落在井中，必定产生恻隐的理。那么，这个理到底是在孩子身上，还是在我内心的良知上呢？或许不能跟着孩子跳入井中，或许可以伸手来援救，这都是所说的理。这个理到底是在孩子身上，还是处于我内心的良知呢？从这个例子中可以看出，各种事物的理都是这样。由此推论，将心与理一分为二是错误的。

那么，在王阳明看来，《大学》所说“格物”究竟有何含义？他说：

“故致知必在于格物。物者，事先。凡意之所发，必有其事，意所在之事谓之物。格者，正也。正其不正以归于正之谓也，正其不正者去恶之谓也，归于正者为善之谓也。夫是之谓格。”（《王阳明全集·大学问》）

王阳明把“格”训解为“正”，把“物”训解为“事”，并对“事”赋予了一个意向性的定义，也就是客体对于主体的意义。所谓“意所在之事谓之物”，意思是说只有对于主体有意义的事物才是格物之“物”。换言之，所谓物就是“意”之对象，并不是客观世界中的任何一件事物。因此，“格物”就是纠正人心的不端，以恢复本体的正。用王阳明自己的话说是，意之所在便是物，“但意念所在，就要去其不正以全其正”，这就是“格物”。然而，凭什么来判断思想言行的正与不正呢？判断的标准到底由谁来作出呢？王阳明把“格物”的方向从外在事物引向意象行为本身，强调不必向外边去寻找标准或判断者，每一个人的“心”就是标准所在，主体自身的“良知”就是判断者。所谓“致知”的那个“知”就是每个人的“良知”。每一个人都发挥出“良知”，就是“致良知”。“致良知”就是依凭“良知”去恰当地处理好人与人和人与物等关系。依凭自己的“良知”尽心尽力而为，诚实无欺，就是“诚意”。这样一套修养工夫，王阳明把它概括成3个字，即“致良知”。

王阳明这种标新立异“格物”说一面世，便招致很大的社会反响。这些反响不仅发自类似顾东桥一样的尊奉程朱理学的一批学者，更来自王阳明身边的不少朋友和弟子。在和王阳明激烈辩论“格物”问题的学者中，湛甘泉对王阳明的质疑是王阳明一生遭遇的第一次深刻的思想挑战。

与王阳明一样，湛甘泉对“格物”问题的认识也经历了一个信从朱熹思想到创新“造道”说、“至理”说的转化过程。在此过程中，湛甘泉以“随处体认天理”为宗旨，始终认为“格物”要在“物”上体认天理，这样“格物”才有“头脑”而不会空空荡荡。

正德十四年己卯（1519），湛甘泉给王阳明写了一封378字的信，言简意赅地阐明自己对“格物”即“造道”的主张：

> “格物之说甚超脱，非兄高明，何以及此！仆之鄙见大段不相远，大同小异耳。鄙见以为格者至也，‘格于文祖’，‘有苗格’之格。物者，天理也，即‘言有物’‘舜明于庶物’之物，即道也。格即造诣之义，格物者即造道也。知行并造，博学、审问、慎思、明辨、笃行皆所以造道也。读书亲师友酬应，随时随处皆求体认天理而涵养之，无非造道之功。意、身、心一齐俱造，皆一段工夫，更无二事。下文诚正修功夫皆于格物上用了，其家国天下皆即此扩充，不是二段，此即所谓止至善。故愚尝谓止至善则明德亲民皆了者，此也。如是方可谓之知至。若夫今之求于见闻之末，谓之知至可乎？知至即孔子所谓闻道矣，故其下文以修身释格物，而此谓知之至，可征也。故吾辈终日终身只是格物一事耳。孟子‘深造以道’即格物之谓也。‘自得之’即知至之谓也。‘居安资深逢原’即修齐治平之谓也。近来与诸同志讲究，不过如此。未审高明以为何如？”（《泉翁大全集·答阳明》）

在湛甘泉看来，“格”的基本意思是“至”，即达到。申言之，“格”蕴含有造诣的意思，即“足迹所至”。“物”，就是“道”，即“天理”。所以“造道”根本上也就是“至道”。所谓“格物者即造道”，是指主体达到天理，主体与社会规范合一。而达到天理就是体认天理。

“造道”的路径有许多。它既包括学问思辨等方法，也包括尊敬师友、交往应酬等手段。博学、审问、慎思、明辨、笃行固然是知行并举的造道方略，但勤勉读书、尊师取友及日常应酬中随时随地的涵养更益于体认天理，因为“格物”是贯穿“意”“身”“心”的完整工夫，如果把工夫拆分几截，单单在“心”上用“正心”的工夫、在“意”上用“诚意”的工夫、在“身”上用“修身”的工夫，则偏离了对“道”的整体把握。所以，“格物”绝非闻见之知的探究，更非支离断裂的工夫条目，而是直指天理、至善或道的各种工夫的总名。湛甘泉这样一种“造道”“至理”的“格物”说，将所有的为学工夫贯通起来，要比王阳明的“格物”说显得周全些，在教育实践上也更加具有操作性。

三、内外之辩

伴随“格物”问题的深入讨论，湛甘泉、王阳明两人思想由“大同小异”发展到“终有未合”，分歧越来越大，并扩及内外之辩。

照王阳明的理解，湛甘泉论“格物”从词义训诂到功夫指向的阐释，带有较重的程朱理学色彩，即求之心外，突出“格物”的向外求取的价值取向。王阳明反复强调：

> “物者，事也，凡意之所发必有其事，意所在之事谓之物。”（《王阳明全集·大学问》）

认为“物”是主体的意念之所在。主体的意念在于事亲，即事亲便是一物；主体的意念在于爱民，即爱民便是一物；主体的意念在于视听言动，视听言动便是一物。与之相应，“格”也是一种内在的心理活动。王阳明把“格物”解释为“以正念头”，完全将“格物”的方向转变为人的内心意识活动端正与否。

王阳明不仅多次写信批评湛甘泉“格物”的外倾取向，还在他的学生陈世杰面前直接指责湛甘泉的“随处体认天理”是求之于外。对此，湛甘泉不以为然。他表示自己的“随外体认天理”说包括主敬与主静、涵养与致知等方法，这些方法合内外于一体，是无内无外之别的。一言以蔽之，“体认天理云者，兼知行合内外言之也，天理无内外也”。（《泉翁大全集·答阳明王都宪论格物》）

湛甘泉和王阳明关于内外之辩的分歧，具体在两封信中。其中一封是应湛甘泉的朋友王宜学所请出面批评王阳明的，信中这样写道：

> “阳明所见固非俗学所能及，但格物之说以为正念头，既于后面正心之说为赘，又况如佛老之学皆自以为正念头矣。因无学、问、思、辨、笃行之功，随处体认之实，遂并与其所谓正者一齐错了。……阳明先生亦尝有辩论，多未同。但未可以强聒。吾惟信其同者，以俟他日之小异者自同耳。”（《泉翁大全集·答王宜学》）

而另外一封是写给他的学生杨仕鸣，告白自己尽管和王阳明两次通信，都无法弥合两人之间的思想分歧：

> “阳明近有两书，终有未合，且与陈世杰谓‘随处体认天理’是求之于外。若然，则告子‘义外’之说为是，而孟子‘长者义乎？长之者义乎？’之说为非，孔子‘执事敬’之教为欺我矣。程子所谓‘体用一源，显微无间’，格物是也，更无内外。静言思之，吾与阳明之说不合者有其故矣。盖阳明与吾看心不同，吾之所谓心者，体万物而不遗者也，故无内外。阳明之所谓心者，指腔子里而为言者也，故以吾之说为外。阳明格物之说谓正念头，既与下文正心之言为重复，又自古圣贤‘学于古训’，‘学、问、思、辨、笃行’之教，‘博文约礼’之教，‘修德讲学’‘尊德性道问学’之语，又何故耶？”（《泉翁大全集·与杨少默》）

湛甘泉认为，王阳明的“格物说”以正念头来诠释“格物”有两个理论上的漏洞：一是正念头与《大学》所讲的“格物”“致知”“诚意”“正心”“修身”“齐家”“治国”“平天下”八条目中的第四个条目“正心”相重合；二是反对王阳明吸纳佛道“遗事而语心”这种侧重内向主义的做法，认为只讲正念头会沦为佛道二教蹈空滞寂之学，而有悖于孔子“博文约礼”和“修德讲学”以及《中庸》“学、问、思、辨、笃行”和“尊德性道问学”等儒学教育传统。

湛甘泉坚持心事合一的主张，认为内外不能分离，任何见诸于事上的行为都无法离开意识的主观能动作用，而意识的主观能动性又须经由行为来体现。所以，“人若不识心，只在腔子里求以为本心，而外事以为心，则远矣”。（《泉翁大全集·新泉问辩录》）很显然，这句话是针对王阳明有感而发的。

阳明的“致良知”出发点是反对逐物，但把万物视为“外”，把“格物”的“物”训解为“意之所著”，其思想重心是必然走向另一极端，强调的是明心见性，收拾精神，持守内心的虔敬，达到与天理合一之境。平实而论，湛甘泉批评王阳明的“格物”修养论只重视内心的修养，忽视外在的格物穷理，是切中王阳明“致良知”命脉的。就王阳明心学思想整体来说，格物穷理本质上的确是一种内在的修养活动，即把人心中具有的“良知”推至事事物物，使外在的事事物物皆得其理。诚如王阳明自己所言：“若鄙人所谓致知格物者，致吾心之良知于事事物物也。吾心之良知，即所谓天理也。致吾心之良知之天理于事事物物，则事事物物皆得其理矣。致吾心之良知者，致知也。事事物物皆得其理者，格物也。是合心与理而为一者也。”（《传习录中》）可以说，湛甘泉以“心无内外”的“随外体认天理”批评王阳明的“致良知”为“主于内”，在很大程度上切中王阳明“致良知”原意，但也不尽然，因为其“格物”的内涵还包含知行合一的工夫。

四、知行之辩

知行之辩是中国思想史上一个备受关注的问题。早在孔子的《论语》时代，就有论及知行的深邃言论。无论是格物之辩还是内外之辩，都逻辑地关联着知行之辩。这是因为格物之辩和内外之辩的目的均为强调发挥人的道德本性，成就人道德品格。

湛甘泉的知行观大致是知行并进，认为知和行之间难以分割，真正的知便是努力的行，真知和力行是齐头并进的。他说：

> “就知就行，就讲就行，顷刻相离不得。路之中途便有多岐三岔处，不讲知之，即一步不能行；若不行，即不到得路岐三岔可疑处，又从何处讲得？故在家时讲歧路，恰似说梦也，即一言亦不可有矣。道通

所谓贵在知所先后，却似分作两截看了。知行心事无有先后。”（《泉翁大全集·新泉问辨录》）

拿人的行走做例子，眼睛与腿脚一起配合才能正常行走，眼睛与腿脚一刻也不能分离，这就是知行并进。通俗一点讲，知行两者不能分离就好比讨论有一条充满三岔路口的道路和真正要行走此路一样，假如不经过讨论弄清哪条路才是正确的选择，就无法到达所向往的目的地。此外，假如纸上谈兵，不脚踏实地去走走，宛如痴人说梦，那终究也无法知晓这条路可否真的能带你抵达目的地。湛甘泉时常教导学生一定要认识和把握知行并进的这样一种内在联系。为此，湛甘泉指出：

“知者行之几，行者知之实，孟子曰‘智之实，知斯二者弗去’。然而知行并进也矣！”（《泉翁大全集·樵语》）

知行双方相互依赖，相互促进。所谓“几”是“几微”的意思，意即意识活动的知是行之初始未形的阶段，行则是知的真正落实。王阳明与湛甘泉一样，也十分关注知行的相互关系问题，看法极为相似。王阳明宣称：

“我今说个知行合一，正要人晓得，一念发动处，便即是行了；发动处有不善，就将这个不善的念克倒了，须要彻根彻底，不使那一念不善潜在胸中。此是我立言宗旨。”（《传习录下》）

在王阳明心学思想中，知行问题主要不是一个知识论问题，而是涉及道德认知和道德行为之间关系的道德论问题。从道德教育论的角度审视，这也是一个德育过程的问题。

就理论而言，程朱理学习惯于把道德认知称为“知”，把道德践履称为“行”。在程朱理学那里，德育过程被视为一个由知到行的过程。程颐说：“不致知，怎生行得？勉强行得，安能持久？”（《河南程氏遗书》卷十八）朱熹说：“夫泛论知行之理，而就一事之中以观之，则知之为先，行之为后，无可疑者。”（《朱文公文集》卷四十二）这就是程朱理学所强调的“知先行后”的德育过程论。其要义是将个体道德品格的形成，规定为一个由道德认知到道德实践的时间先后的历程，强调“格物致知”是道德教育过程中的首要程序。但是，这一理论暴露出许多流弊，突出的流弊是不少人吟诵儒家经典，张口仁义道德，但是一到了生活实践中，就根本不去践行儒家伦理规范，知行截然割裂的社会现象屡见不鲜。之所以如此，王阳明认为这与程朱理学宣扬“知先行后”的理论密不可分。

其实，在生活实践及教育活动中，知与行是一个相互包含、相互渗透的动态过程。王阳明正是抓住知行这一相互包含、不可分割的特点，建构他的“知行合一”学说。他最为流行的观点是：

> “知是行的主意，行是知的工夫；知是行之始，行是知之成。”（《传习录上》）

在王阳明看来，无论是从生活实践的行为过程来看，还是从道德教育的实践过程来看，道德认知与道德行为是相互包含、相互渗透的。申言之，“知”本是道德认知的意识活动，如就整体的动态行为过程来看，“知”是人的道德行为过程的重要组成部分，是道德行为的第一个阶段。用王阳明的话讲，“知是行的主意”“知是行之始”，那么可以将“知”视为“行”。同样，“行”本是指道德行为的实践活动，但这种“行”总是以道德观念为指导的，是将道德观念付诸行为实践去完成。正如王阳明所说的“行是知的工夫”“行是知之成”，那么，同样可以将“行”视为“知”。总之，“知”是“行”的重要组成部分，而“行”亦是“知”的实践及完成，“知”与“行”是一体两面的工夫，两者并行不悖而相互促进，贯穿于整个道德活动的过程中。

王阳明还用“真知”来说明“知”必包括“行”在内。他说：“真知即所以为行，不行不足谓之知”。（《传习录中》）只要是真正的道德知识，就一定要付诸道德实践。不付诸道德实践的知识，不能称之为真正的道德知识。这种“真知”为什么一定会付诸行呢？因为它是致良知的自然呈现。也就是说，作为推致心之本体的良知，必然呈现为主体道德意识的“知”，也必然会呈现为主体道德实践的“行”。因此，王阳明认为：“知是心之本体，心自然会知。见父自然知孝，见兄自然知弟，见孺子入井自然知恻隐，此便是良知，不假外求。”（《传习录上》）在这里，作为“心之本体”的“知”当然便是“真知”，而且当然会付诸于“行”。

为了强调“良知”对道德实践的指导作用，王阳明指出：“盖日用之间，见闻酬酢，虽千万头绪，莫非良知之发用流行，除却见闻酬酢，亦无良知可致矣。”（《传习录下》）认为人们的道德行为，均受良知主宰。每一道德行为体现为良知由内而外的展露过程，以彰显人们的日用生活实践的道德价值。

湛甘泉对王阳明“知行合一”说强调知行两者之间的统一性，深表赞同。他说：“至于‘知者行之始，行者知之成，其说则是也’。”（《泉翁大全集·天关精舍语录》）然而，湛甘泉认为，仅仅注意到这一点是不够的，因为知、行各自还具有相对的独立性。有一次，当弟子卢守益和他讨论知行观时，卢守益说：“知与行乃初学入头第一大关。阳明先生知行合一之说，虽圣人复起不能易。晦翁却分孔子告子贡一贯章曰以知言，曾子一贯章曰以行言，是截知行为两事。岂子贡独务知，曾子独务行哉？此真晦翁专意注述，理未融会处。”（《甘泉先生续编大全》卷二十六）卢守益高度评价王阳明的“知行合一”学说，认为孔子在世的话，也会同意王阳明的“知行合一”说，因为它有助于救正朱熹的“知先行后”说。湛甘泉却认为王阳明的“知行合一”说不如自己的“知行并进”观来得圆融一些。所以，他对卢守益明确地说道：

> “知行二者不浑得，亦不离得，只是知行并进。书曰：‘知之非艰，行之惟艰，王忱不艰。’”（《甘泉先生续编大全》卷二十六）

而当另一个弟子郭应奎提问说：

> “《传习录》有‘知者行之始，行者知之成。知是行底主意，行是知底工夫。知是行之明觉精察处，行是知之真切运用处’，此知行合一

之说，精矣。”（《甘泉先生续编大全》卷二十八）

郭应奎与卢守益一样，并不掩饰对王阳明“知行合一”说的认同。而湛甘泉却认为，王阳明的“知行合一”说蕴含许多理论上的瑕疵，其中一个突出的问题是将知、行混为一谈，在强调“知行合一”的贯通时，否定了两者的各自内涵及阶段上的差异。对此，湛甘泉给出的回答是：

“既云知行合一，更不必始与成等云云，既分始与成等云云，元不是合。”

这句话中的“始与成”所指的对象就是王阳明常说的“知者行之始，行者知之成”“知是行底主意，行是知底工夫”“知是行之明觉精察处，行是知之真切运用处”等涉及知行之辩的几大命题。既然有“始”有“成”的区别，就说明“知”和“行”原本各自具有相对的独立性，怎么能说“知”“行”两者的本来面目是“合”呢？也就是说，湛甘泉从根本上不同意将“知”“行”两者完全等同起来。

结合湛甘泉的“随处体认天理”为学宗旨来看，湛甘泉把“知行并进”视作一个重要的学习原则和方法，“夫学不过知行，知行不可离，又不可混。”（《泉翁大全集·答顾箬溪佥宪》）“孔子告哀公则曰‘学问思辨行’，其归于同条共贯者。”（《泉翁大全集·答阳明王都宪论格物》）主张认知过程和实践活动是“知”和“行”的统一，是“知行不可离，又不可混”“同条共贯”的过程。为了让人们容易理解他的“知行并进”观，湛甘泉作了一个形象的比喻，“知行并进，如目视而足履，学之道尽于此矣”，（《圣学格物通》卷二十六）把“知”比作“目视”，把“行”比作“足履”，将整个学习过程比作走路。一个人没有一双明亮的眼睛，却有一双健全的腿脚，也将步履艰难；反之，一个人有一双明亮的眼睛，但无一双健全的腿脚，亦将寸步难行。要“随处体认天理”，取得好的学习效果，就须做到“目视”“足履”相互配合，即“知行并进”。

第三章
潜心学问　铸就名作

湛甘泉和王阳明好学深思，笔耕不辍，留有大量的语录、书信、诗文、讲义以及经注。了解他们的学术研究历程及其成果，不仅有助于全面地认识其人其事，而且通过他们所从事的学术活动，透视他们的心路历程。研读湛甘泉的《心性图说》《圣学格物通》和王阳明的《传习录》等名作，可进一步认识明代学术史、明末清初启蒙运动和近代中国社会大变动的历史命运。

一、从《心性图说》到《圣学格物通》

湛甘泉一生博极群书，勤于思考，钟情教育，著述宏富。他传世的语言文字被其弟子和后人编成了不同版本的文集。比较流行的版本主要有以下18种：

1. 《甘泉先生文录类选》21卷，明嘉靖八年己丑（1529）周孚先刻本。现今的通行本为海南出版社2000年影印出版的《故宫珍本丛刊》本。该影印本将书名改称为《甘泉先生文录》。

2. 《甘泉先生文集》40卷，明嘉靖十五年丙申（1536）刻本，国家图书馆、北京大学、上海图书馆均有收藏。

3. 《甘泉先生文集》32卷，有明万历十六年戊子（1588）洪垣刻本、清康熙二十年（1681）黄楷刊本、清同治五年（1866）资政堂刊本。现今的通行本是齐鲁书社1997年据山西大学图书馆藏清康熙二十年黄楷刊本影印出版的《四库全书存目丛书》本（集部，第56，57册）。

4. 《湛甘泉先生文集》35卷，明万历七年己卯（1579）刻本，今藏国家图书馆。

5. 《泉翁大全集》85卷，明嘉靖十九年庚子（1540）由湛甘泉的得意弟子洪垣校刊，明万历二十一年癸巳（1593）刊刻修补本。

该书内容包括：《樵语》1卷，弟子沈珠、潘子嘉同刊。《新论》1卷，弟子陈大章校刊。《知新后语》1卷，弟子陈大章校刊。《二业合一训》1卷，弟子黄纶编述。《大科书堂训规》1卷，弟子陈大章校刊。《雍语》1卷，弟子陈大章校刊。《节定燕射礼仪》1卷，邹守益书跋。《诗文集》59卷，弟子沈珠和洪垣校刊。《新泉问辩录》4卷，弟子周冲编辑。《新泉问辩续录》4卷，弟子陈大章校刊。《问疑录》1卷，弟子陈大章校刊。《全陵答问》1卷，弟子陈大章校刊。《金台答问录》1卷，弟子陈大章校刊。《洪子问疑录》1卷，弟子王储、杨守诚同刊。《杨子折衷》3卷，弟子程辙校正。《参赞事略》2卷，弟子陈大章校刊。《厘正诗经序》1卷，弟子洪垣编校。《归去纪行录》1卷，弟子陈大章校刊。

6. 《甘泉先生续编大全》33卷，明嘉靖三十四年乙卯（1555）刻，明万历二十三年乙未（1595）修补本，今藏国家图书馆。

该书内容包括：卷1—3序类，卷4—6记类，卷7—9书简，卷10墓表，卷11—12墓志铭，卷13—15祭告文，卷16—17五言古诗，卷18七言古诗及五言绝句，卷19—20七言绝句，卷21七言律诗，卷22歌类辞类赞类，卷23—24杂著，卷25—28答问，卷29—30《湛子约言》，卷31《心性书》，卷32《非老子》，卷33《岳游纪行录》。

卷1—28由弟子何鸿校订。卷29—30由弟子洪垣校订，卷30—31的《心性书》由弟子郭大治重刻，附有弟子黄民准、钟景星、周学心、袁邮、郭肇乾、谢锡命、湛天润为之注与赞，霍任又编《或问》数十条。卷32由弟子萧时中校刊。卷33由弟子罗朝黄校刊。

7. 《二礼经传测》68卷。现今的通行本是齐鲁书社1997年据明刻本影印出版的《四库全书存目丛书》本（经部，第104册）。

8. 《古乐经传全书》2卷。现今的通行本是齐鲁书社1997年据明嘉靖三十四年乙卯（1555）祝廷滂刻本影印出版的《四库全书存目丛书》本（经部，第182册）。

9. 《春秋正传》37卷，明嘉靖十三年甲午（1534）刻本，北京大学图书馆等收藏。现今的通行本为台北商务印书馆1986年出版的《景印文渊阁四库全书》本。

10. 《甘泉先生岳游纪行录》1卷，明嘉靖二十四年乙巳（1545）罗朝岳一泉书堂刻本，国家图书馆收藏。

11. 《遵道录》10卷。现今的通行本是齐鲁书社2001年据明嘉靖二年癸未（1523）刻本影印出版的《四库全书存目丛书补编》本（经部，第182册）。

12. 《圣学格物通》100卷，明嘉靖十一年壬辰（1532）吴昂刻本、明嘉靖十二年癸巳（1533）高简等刻本。现今的通行本为台北商务印书馆1986年出版的《景印文渊阁四库全书》本。

13. 《新论》1卷，明嘉靖年间单行刻本，国家图书馆有藏。该书被收入《泉翁大全集》《湛甘泉先生文集》通行本。

14. 《杨子折衷》6卷，明嘉靖时由弟子葛涧刊刻。现今的通行本是上海古籍出版社2002年出版的《续修四库全书》影印本。

15. 《白沙先生诗教解》10卷，附《诗教外传》5卷，明刻本。现今的通行本是齐鲁书社1997年影印出版的《四库全书存目丛书》本。另外，1987年中华书局出版的《陈献章集》收入附录，书名为《白沙子古诗教解》，共2卷。但未收《诗教外传》。

16. 《甘泉先生两都风咏》4卷，明嘉靖十四年乙未（1535）朱敬之刻本。国家图书馆、广东中山图书馆有藏。

17. 《甘泉湛子古诗选》5卷，明嘉靖三十一年壬子（1552）刻本，国家图书馆有藏。

18. 《湛甘泉诗选》，王李英、王一洲、罗兆荣、陈水源选注，广东人民出版社1993年出版。

湛甘泉的文集卷帙浩繁，仅《泉翁大全集》85卷就达102万字左右，《甘泉先生续编大全》33卷约为51万字，但学术界对其著录、整理和研究，多以《心性图说》和《圣学格物通》为主要对象，间或论及其他文体著述。这里，我们就着重谈谈《心性图说》和《圣学格物通》，一窥湛甘泉的学问风貌和思想特质。

《心性图说》大约成于湛甘泉退居南海的西樵山讲学期间。湛甘泉正德十二年丁丑（1517）十月初七从增城老家搬入西樵，并在烟霞洞附近建造二层小楼。这一年，52岁的湛甘泉开始筹办大科书院，并于闰十二月初七建成。大科书院吸引了全国各地的学者，其中不乏北方学生，比如来自陕西的著名学者吕柟。他的学生郭肇乾在《心性书序》一文中回忆说“乾自己卯岁西樵山从侍烟霞洞天，得受此图，未契旨要”，从中可知湛甘泉在正德十四年己卯（1519）就开始讲授《心性图说》了。由此可以得出一个结论，《心性图说》写于湛甘泉52至54岁的天命之际。

嘉靖三年甲申（1524）八月，59岁的湛甘泉到南京国子监出任祭酒。作为这所高等学府的最高负责人，他专门建造一个名叫“观光馆”场所，集聚四方学者，把《心性图说》作为一篇重要教育文献，向国子监广大学生宣传他的心学思想。

毫不夸张地说，《心性图说》确是一篇叩开湛甘泉心学思想体系的门户之作。诚如他自己所言“可以与吾心性之图者，其知心学乎”（《甘泉先生续编大全》卷二十五）。湛甘泉的众多弟子也是这么认为的。比如，他的弟子蒋信、郭肇乾、周学心、黄民准、袁邮、钟景星、谢锡命、湛天润等把湛甘泉论述心性问题的言论编成《心性书》一书，即把《心性图说》置于卷首的醒目地位。他的另一位叫作沈桂的学生还在南京国子监里，专门把《心性书》和周敦颐的《通书》、程颢的《定性书》、陈白沙的《自然书》，编为《宋明四子书》一起刊刻，推广师说，弘扬湛甘泉心学思想。

心性论是王阳明心学的基础理论学说，也是湛甘泉心学的重要理论组成部分。《心性图说》全文仅有259个字，却言简意赅地表达出湛甘泉关于心性的基本观点。湛甘泉的《心性图说》既有图也有说。这里，不妨将《心性图说》中的“心性图”和《心性图说》之“说”抄录如下：

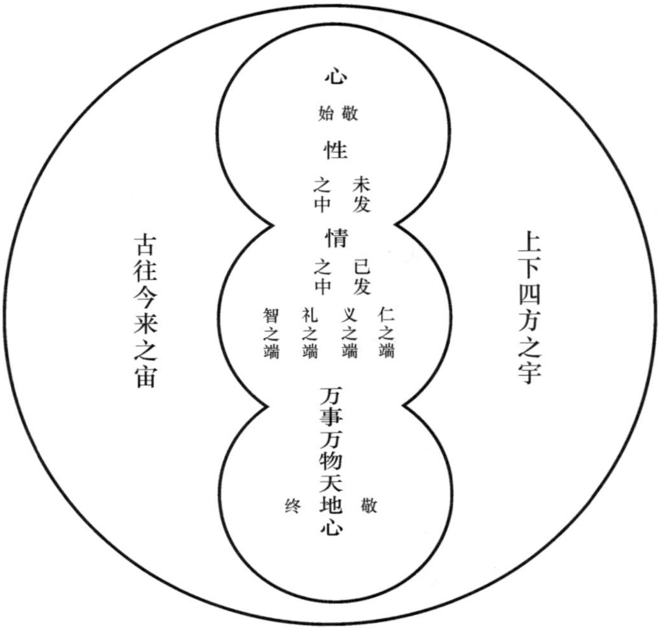

“性者，天地万物一体者也；浑然宇宙，其气同也；心也者，体天地万物而不遗者也。性也者，心之生理也，心性非二也。譬之谷焉，具生意而未发，未发故浑然而不可见。及其发也，恻隐、羞恶、辞让、是非萌焉，仁义礼智自此焉始分矣，故谓之四端。端也者，始也，良心发见之始也。是故始之敬者，戒惧慎独以养其中也，中立而和发焉，万事万化自此焉达，而位育不外是矣。故位育非有加也，全而归之者耳。终之敬者，即始之敬而不息焉者也。曰：‘何以小圈？’曰：‘心无所不贯也。’‘何以大圈？’曰：‘心无所不包也。包与贯实非二也，故心也者，包乎天地万物之外，而贯乎天地万物之中者也。中外非二也，天地无内外，心亦无内外，极言之耳矣。故谓内为本心，而外天地万事以为心者，小之为心也甚矣。’”（《泉翁大全集·心性图说》）

湛甘泉对心性的看法采用图说方式，构思缜密，别出心裁，两者相得益彰。

“心性图”的大圈中内含三个连贯的小圈，它们直观地勾勒出心性从未发到已发，以至位育天地万物的过程。心体和性体未发时生无形无相，但中正之意完具。其已发为情，显现为恻隐、羞恶、辞让、是非之德行四端。湛甘泉认为“四端德也，非性也，性与德非二也。其未发也浑而一，及感而通也，恻隐、羞恶、辞让、是非之心生焉，而四者别矣。端也者，始也。四端者，性之能也，性之四德也”。（《泉翁大全集·新论》）由于恻隐、羞恶、辞让、是非“四端”不属于“未发”的性之范畴，所以湛甘泉在描绘性与“四端”之情的关系图中，把心、性与“四端”之情分置在不同的两个小圈里。湛甘泉还认为，“性情非遗于事物也，由是而贯之耳，是故性能达事，非事达性”（《泉翁大全集·新论》），因此，他把“天地万事万物”列于情“已发”的小圈之下，表示为“已发”之中正状态的具体展开。

具体来讲，湛甘泉的“心性图”用上中下三个小圈来表示三个阶段，从心、性的“未发”开始，中经“已发”，直至天地万物的化育完成，这一过程始终贯穿着“心”，离不开心的统摄与作用。三个相互贯通的小圈之外的大圈则表示心浑然与万物为一体，古往今来，上下四方，“心无所不包”，天地无内外，心也无内外。

在最上面的小圈中，心开始以“敬”的方式涵养。心何以始于“敬”？在湛甘泉看来，“敬”是一种修心养性的基础工夫，它具有恭敬、严肃、慎独、警惕等丰富内涵，其本质特征是专注主一、毫无杂念。所以，始于持“敬”之时的心如果发用为性，那么心中所蕴含的固有之性便自然呈现为心性合一的“未发”的中正状态。而发展到在中间的小圈中，心与外在的万物一经接触则会产生一定的感应，于是“未发”的状态被打破，进入“已发”的中正和谐状态，性便呈现为情。因为其中一直有“敬”在起着作用，情便自然表现为“已发”的中正状态。一旦落实到伦理境遇，性最为突出的具体表征就是“仁义礼智”四端之情。经过前面两个阶段的变化，到达最下面的小圈时，心依然借助“敬”的作用，加上第二阶段中圈的“已发”之情的介入，经过主体认识的投射和观照，意向性的“万事万物天地”之心则油然而生。这样一来，“包与贯实非二也”，心所贯通和心所包涵完全融为一体。很显然，三个小圈的工夫与境界相辅相成，缺一不可。它与大圈中所标示的“上下四方之宇，古往今来之宙”十二字箴言也是如此。虽然这十二字箴言深受宋代心学奠基人陆九渊“吾心即是宇宙，宇宙便是吾心”心本体的思想影响，但从“心性图”的勾画和《心性图说》诠释，可以看出湛甘泉不仅有超越陆九渊心学之处，也有超越二程、朱熹理学之处，其中还不乏超越他的老师陈白沙之处。

无论从宋明理学还是心学的发展史上来看，“心性图”的勾画和《心性图说》诠释的“包”“贯”的这一形式与内容实为湛甘泉的一大思想创举。

首先，湛甘泉对心的概念赋予了明确的“合二为一”要义。湛甘泉虽把心分为本体意义的心和伦理意义的心，但强调本体意义的心和伦理意义的心是一体两面，是一个事物的两个方面，而不是两个事物的不同方面。他认为本体意义的心着眼点和落脚点都在宇宙总体上，用此心观照到的应是浑然与万物为一体的宇宙全体；伦理意义的心则高扬每一个体的主观认识能力，养成修已以安人的理想人格，而在此过程中体验到的是经过伦理情感的投射，进一步升华为鸢飞鱼跃的即道德而超道德的审美境界。“心也者，包乎天地万物之外而贯夫天地万物之中者也。中外非二也。天地无内外，心亦无内外，极言之耳矣。”天地间存在的所有事物，皆可由心来认识。心内的认知和心外的世界的关系达成协调一致，一定是充满生机的中正状态。这一中正的特质即物之理，物之性。湛甘泉所讲的“心包乎天地万物之外”，言外之意是人们在面对宇宙间每一个心物合一的中正事物时，都应当“随处体认天理”，时刻体认表现在此心物合一之中正体上的性理。由于被体认到的绝非缺乏主体参与其中的纯粹客体实在，所以格物并非主观臆想而求之于外。正是因应于此，湛甘泉所倡言的“随处体认天理”思想旨趣，即希望每一个学者要适切地体认表现于具体事物上的天地之性理。

其次，相形于陆九渊、陈白沙和二程、朱熹思想，湛甘泉的心本体论和工夫论都有所发展。陆九渊的“心即理”和陈白沙“静中养出端倪”偏重于心的内在性，多强调境界之意而鲜有工夫之论。湛甘泉既多有境界之论，也不乏重视在具体事物上体认天地之心的工夫途径。也就是说，湛甘泉兼有二程、朱熹理学思想的缜密。湛甘泉虽然继承未发已发、格物致知等致思路径，但其思想重心在以“敬”体认表现于万物中的天地之性理。他没有拘泥于这些大儒未发、已发工夫的争辩上，而是主张贯通内外、始终的“敬”之工夫去随处体认天理。可以说，湛甘泉的“心性图”的建构和《心性图说》将心、性、情等重要概念贯穿起来的认知图景，在相当程度上有效克服了陆九渊、陈白沙和二程、朱熹等心性概念分析的琐碎表达，纠正了他们心性教育的支离现象。

那么，王阳明对湛甘泉的“心性图”和《心性图说》看法如何呢？湛甘泉曾说：“盖阳明与吾看心不同，吾之所谓心者，体万物而不遗者也，故无内外。阳明之所谓心者，指腔子里而为言者也，故以吾之说为外。”（《泉翁大全集·答阳明王都宪论格物》）从这几句话中可以侧面地了解王阳明对“心性图”和《心性图说》的评价。依照王阳明“心外无物”的意见，湛甘泉所谓的心存在析心与理、心与物为二的理论漏洞，会使心成为一外在的袋子，所以王阳明认为湛甘泉的“心性图”和《心性图说》不够圆融，有外倾化的痕迹。当然，湛甘泉并不认同王阳明的说法。然而，尽管湛甘泉始终坚持心无内外之分的观点，事实上的确存在王阳明所说的心之外倾化问题。湛甘泉所谓“包乎天地万物之外，而贯乎天地万物之中”的心，实质上是与整个宇宙万事万物为一体的，即是“心性图”中所画的“大圈”所说的意思，这也就是他讲的“何以大圈？曰：心无所不包也”，心体广大而精微，包贯天地万物之内外，这样一种高度独立、无所不能之心融客观于主观，以主观吞没客观，自然能够包罗天地万物。如此之心，与陆九渊的“吾心即是宇宙”中的“吾心”看似不同，实则不然。“心”既然可以超出主体，成为万物的本体，当然就不仅仅属于“我”的主观之心，而是具有了超出主体的客观意义。因此，从这一角度来看，我们就不难理解王阳明何以会认为湛甘泉之所谓“心者为外”的意见。

暂且不论王阳明的评论是否适切，“心性图”和《心性图说》无疑都是反映湛甘泉心学哲学思想的名作。但必须说明的是，湛甘泉心学思想不是为思辨而思辨，他的一切著述都以经世致用为目的。在湛甘泉传世的多达360万字作品中，最具经世致用色彩的莫过于《圣学格物通》一书。正是基于这样的考量标准，《圣学格物通》被收入清代颇具学术价值和富有资政功用的权威工具书《四库全书简明目录》中。《四库全书简明目录》作出如是评价：“体例亦仿《大学衍义》，而以致知并于格物，以格物统诚意、正心、修身、齐家、治国、平天下。各分纲目，引证祖训，而参以诸儒之说，大致与丘濬书相近。惟濬多徵往事，此多引前言。”点出《圣学格物通》的中心思想是用格物致知观统合儒家的“诚意、正心、修身、齐家、治国、平天下”这一内圣外王的教化政治理念。下面就《圣学格物通》的成书背景和内容特色作一简述。

嘉靖四年乙酉（1525）七月初四，年轻的世宗皇帝颁布诏令，要求文官从经书史鉴中撮取涉及帝王德政重要文献的要义，进行疏通直解，然后汇编进览，为修身与治国、平天下提供借鉴。刚满花甲之年的湛甘泉听闻此讯，兴奋不已，立即着手编撰《圣学格物通》。嘉靖七年戊子（1528）六月初一，湛甘泉写就《圣学格物通大序》和《进圣学格物通表》，并从南京报呈自己编纂的《圣学格物通》一书，此时湛甘泉就任南京吏部右侍郎一职才10天。此书正文有100卷，约50万字，历尽湛甘泉3年的笔墨而成，是湛甘泉在南京国子监主持学务之余完成的鸿篇巨制。湛甘泉担任国子监祭酒的四年里，一边讲学，一边写作。平实而论，《圣学格物通》的确来之不易。《圣学格物通》不单是湛甘泉众多著作中篇幅最长的，同时也是内容周延、立场明确、议论密集、用心良苦和期待迫切的力作。一言以蔽之，湛甘泉的哲学、政治、经济以及教育的见解和主张，都在《圣学格物通》一览无遗。

《圣学格物通》简称《格物通》，共计100卷，28册。它是仿南宋学者真德秀《大学衍义》和明代学者丘濬《大学衍义补》两书的体例而编纂的。

《圣学格物通》博引四书五经，兼采《国语》《左传》《新书》《文苑》《白虎通》《史鉴》等史籍和吸纳陆贽、韩愈、柳宗元、周敦颐、程颢、程颐、张载、朱熹、司马光、尹焞、胡宏、邵雍、罗从彦、杨时、胡安国、范祖禹、陆九渊、真德秀、陈植、王栢、许衡等前贤言论以及明代皇帝的格言训诫，再附以湛甘泉自己的见解。该书内容广泛，纲举目张，依照《大学》的“八条目”基本架构分为诚意、正心、修身、齐家、治国、平天下六条目，各立一格。每一格之下再分细则。它的具体结构如下：

1. 诚意格十七卷

分为审几、立志、谋虑、感应、儆戒、敬天、敬祖考、畏民八细目，三百九十八条。

2. 正心格三卷

无细目，分为八十四条。

3. 修身格九卷

分为正威仪、慎言动、进德业三细目，一百九十八条。

4. 齐家格十三卷

分为谨妃匹、正嫡庶、事亲长、养太子、严内外、恤孤幼、御臣妾七细目，二百七十条。

5. 治国格十四卷

分为事君使臣、立教兴化、事长慈幼、使众临民、正朝廷、正百官、正万民七细目，三百二十九条。

6. 平天下格四十四卷

先立“公好恶、用人、理财”三纲。再分二十细目、九百八十六条。其中的“用人”一纲分为学校、举措、课功、任相、任将、六官六细目；“理财”分为修虞衡、抑浮末、饬百工、屯田、马政、漕运、劝课、禁夺时、省国费、慎赏赐、蠲租、薄敛、恤穷、赈济十四细目。

之所以定名为《圣学格物通》，根据湛甘泉本人的解释，是因为编纂该书的目的在于“明圣学”，而要讲明圣人之学，又须“通在于格物”。所谓“通在于格物”的“通”之含义有四：“有总括之义焉，有疏通之义焉，有贯穿之义焉，有感悟之义焉。”湛甘泉在《进圣学格物通表》中详细地予以说明：

> “臣闻帝王之治本乎道，而道德之懿存乎心。心无事而不包，事无一而非道。惟心有所蔽则道不见，如鉴有所尘则明弗昭。故圣帝明王必先务学，而修德讲学皆以治心，将达诸事业而成其治化焉。如磨彼宝鉴，以大其光照也。盖心事合一，体用同原，虽殊涂而同归，实一致而百虑。有天德则有王道，具内圣则具外王。故溥博渊泉而时出，流水盈科而后进，沧溟之广不外勺水，而求华岳之崇，必自卷石而累。是知万变万化只在一德一心，故尧、舜、禹三圣授受，惟曰‘精一执中’，成汤、文、武千古相传，亦云‘懋德敬止’。孔、颜明博文约礼之教，孟

轲示详说反约之功。夫群籍所载，皆务此本，而曾子之传，尤得其宗。故《大学》之书，全功在乎格物，而格物之要，其道本乎知行。知、止、定、静、安、虑相承，即其工夫；意、心、身、家、国、天下贯穿，乃其实地。必纲举而目斯张，惟领挈而裔乃理。虽心有良知，不假外求；然学于古训，乃可有获。六经诸史，皆所以明心，而千圣万贤，必归乎穷理。”

表明自己编纂《圣学格物通》严格遵循《大学》的格物之道，以其“意、心、身、家、国、天下”为纲目，条分缕析，旨在帝王能够经世致用，教化天下。因此，从写作的直接目的来看，《圣学格物通》是一本用于经筵讲读的帝学教科书。但是，由于明世宗的兴趣并不在此，加上他对湛甘泉心学的偏见，《圣学格物通》没有获得明世宗的赏识。

青山遮不住，毕竟东流去。如果拂去蒙在其上的时代烟尘，《圣学格物通》仍不乏有理论价值和现实意义。譬如，倡导以“畏民”为着眼点的民本治国理念，强调公私之辩，做一个富有教育情怀的教师，等等。于此，仅举有关教育问题的思考为例，展示湛甘泉的教育观点，一窥《圣学格物通》的教育思想价值。

湛甘泉认为，要治国安民，经济、军事、行政、法律都是不可缺少的，但最根本的还是教育。围绕教育问题，湛甘泉提出了一些富有个人创见的观点：

1. 师道立则善人多。在湛甘泉看来，教师教书育人、以身作则对于整个社会有着莫大的影响。他说：

“今之天下即古之天下，今之人心即古之人心，其人才多寡相悬何也？在教学之兴废所致矣。故师道立则善人多，有志世道者，当以立教为急务焉。”（《圣学格物通·立教兴化下》）

认为教育功在当代，是兴国安邦的第一要务，教师又是办好教育的基础性前提。建国君民，教学为先。师道的存亡直接关乎一个社会的人才多寡。

2. 教师能“开君之聪明，养君之德性”。教师不仅可教人以知识，而且可助人以成德，是统治者提高道德修养的重要保证。他指出：

> “盖以非师友无以成其德业也。师友者，所以开君之聪明，而养君之德性者也。故自天子以达于庶人，未有不须师友而能独成也。故古之尧舜文武或学于务成昭，或学于西王国，或学于太公，或学于伊尹，是故圣益圣，而治益隆也。”（《圣学格物通·进德业四》）

列举历史上“尧舜文武”这四位极负盛名的统治者，都要拜师求学。他以史为鉴，得出一个基本结论是“自天子以至于庶人，未有舍师而能成者”。总之，人人都必须要接受教育，君王也概莫能外。

3. 订偏养正。湛甘泉认为，教育对人的心性修养起着至关重要的作用。人的先天本性是很接近的，后来之所以有较大的差别，是教育和学习的结果。湛甘泉充分认识到，在人的成长过程中，教育和学习的因素起到了决定作用。他作了这样的表达：

> “讲学则订去其偏，而养其中正，如田之治去稗莠，而可收聚矣。”（《圣学格物通·进德业二》）
>
> “教者，所以觉人之良知，而归于中正者也。”（《圣学格物通·立教兴化下》）
>
> “学者，觉也。觉然后知疑而问，学聚问辨以扩吾心之良知。”（《圣学格物通·进德业二》）

教育对学生的订偏养正，好比在耕种农田时，替庄稼移除杂草一样。湛甘泉强调在传授知识的过程中，应着重培养学生的道德意识，使他们养成正确的道德理性，即“觉人之良知”，从而保证心性的“已发”与“未发”都能够“归于中正”。

4. 象图教学法。在多年的国子监教学和以往书院教育实践上，湛甘泉还总结出一套象图教学法。他说：

“复立教者，言不如意，意不如象图。所以未象也，观其象则意得而言忘矣。”（《圣学格物通·谋虑下》）

所谓象图教学法，是指摆脱简单而乏味的纯用语言手段的教学局限，尽可能采用场景描绘、情节勾勒、心理刻画等图画、图象形式，生动和具体地引发学生对复杂问题的认识和理解。

其实，除了《心性图说》和《圣学格物通》，湛甘泉还有其他一些名作，例如《春秋正传》《白沙子诗教解》。

二、从《五经臆说》到《传习录》

王阳明在立德、立功和立言三大方面，都颇有建树。就立言上来看，王阳明流传于世的文字资料数量远远不及湛甘泉，但其质量毫不逊色于湛甘泉，甚至其对后世的思想影响力还高于湛甘泉。王阳明的著述主要有《五经臆说》46条、《大学古本旁释》1卷、《朱子晚年定论》1卷，以及门人所记《传习录》3卷等。后人辑为《王文成全书》38卷。现今比较流行的主要为1992年上海古籍出版社《王阳明全集》编校本。

说起《五经臆说》这本书，还真是有不少故事。为什么要提及《五经臆说》？因为它是王阳明平生所写的第一本哲学著述和教学讲义。这本书是在他贬谪龙场期间，王阳明完全靠自己的超强记忆，历时19个月，并结合自己的心得创作出来的。《五经臆说》一书共有46条，其中对《易》《书》《诗》《春秋》的注释各有10条，另外6条是对《礼记》的注释。据说这本书的原稿曾被王阳明付之一炬，几乎尽毁全稿，导致人们无法目睹《五经臆说》全书的原貌。后来，王阳明的得意弟子钱德洪在整理其遗物时，却意外发现了《五经臆说》的残稿。钱德洪据此，把它编成《五经臆说十三条》。因此，后世的学者只能通过钱德洪辑录的《五经臆说十三条》去探究其中的原委。

《五经臆说十三条》中的第一条是钱德洪写的序。依据钱德洪的判断，其余的十二条均为王阳明的修订稿。这当中有三条论及《春秋》的“元年春王正月”“元年者，鲁隐公之元年”和“郑伯克段于鄢”。有四条涉及《易》，除解读“贞”字一条外，其余《恒》《遁》《晋》三卦各为一条；《恒》《遁》《晋》三卦，被学者称为“龙场三卦”。有五条涉及《诗》：《时迈》十五句、《执竞》十四句、《思文》八句、《臣工》十五句、《有瞽》十三句。

原本的四十六条为什么只剩十三条呢？从钱德洪的序中来看，原因主要有三点：

其一是在贵州的龙场悟道和书院讲学活动仅是王阳明思想发展的初始阶段。走出贵州之后，王阳明经过湖南、江西、京师、安徽、南京等地讲学，“既后自觉学益精，工夫益简易”，学问日趋精进，就不再把《五经臆说》传授示人。

其二是钱德洪曾当面问及时，王阳明比喻道“付诸秦火久矣”，这或许是王阳明笑谈之词，真假不易判断。

其三是王阳明认为圣人删述五经是“先得吾心”，而五经只是“吾心之记籍”，因此应当根据吾心的良知去发明五经的意蕴，此即求本。王阳明说：

> “默记旧所读书而录之，意有所得，辄为之训释。期有七月，而五经之旨略遍，名之曰《臆说》。盖不必尽合于先贤，聊写其胸臆之见。”

又说：

> “五经，圣人之学具焉，然自其已闻者而言之。其于道也，亦筌与糟粕耳。窃尝怪夫世之儒者，求鱼于筌，而谓糟粕之为醪也。”

他针对世儒治经沉溺于训诂、得筌忘鱼的错误方法，而主张以臆说即“以心证道”的方法来治经。也就是说，最重要的是自己的自证自得，即使是圣贤经典，也必须以心印心，不能只在文字上打转，而应使自我本心的天理与圣人之心的天理和经书中的“常道”合一。这样就不难理解钱德洪缘何会说：“吾师之学，于一处融彻，终日言之不离是矣。即此以例全经，可知也。”

同样也可理解四十六条为何变成十三条了。

如果说《五经臆说》是王阳明心学的早期结晶，那么《传习录》则是全面反映王阳明心学的一部名作。该书采用问答的形式答疑解惑，是王阳明与弟子们思想交流的重要成果体现。

从文体学的视角来划分，《传习录》可以归为语录体。语录体是宋代以来儒家经典诠释的模式之一。语录体不像注疏、章句那样严格地注经，而是较为灵活地说经，前者先引全文或摘录若干，然后再予以注释，后者则不先引经典，而是在自己的论学书面语言中征引经典，旨在发挥己意。由于不拘一格，语录体更能发挥经中微言大义且为自己服务，而且使听者易于接受。

《传习录》的书名源自《论语·学而篇》“为人谋而不忠乎？与朋友交而不信乎？传不习乎？”之语。朱熹的《论语集注》将“传不习乎”解释为：“传谓受之于师，习谓熟之于己。”师授生以道，生习道于己，这正是“教学相长”所倡导的理想之境。所以，把王阳明及其弟子间的相互问答、书信往来，定名为《传习录》可谓切中《论语》“传不习乎”思想肯綮，名实相符。

《传习录》分为上中下三卷，成于众手，耗时漫长。

上卷先由王阳明的弟子、妹夫徐爱辑合王阳明的语录而成，但未刊行。徐爱病逝后，王阳明另外两个弟子薛侃与陆澄接续徐爱未竟之事，将两人所记王阳明语录，结合徐爱所录之稿于正德十三年戊寅（1518）在虔州（今江西赣州）出版。这就是流行于今的一百二十九条版本的《传习录上》。

嘉靖三年甲申（1524），绍兴知府南大吉在王阳明老家余姚复取王阳明“问答之辞，讨论之书而刻以示诸天下者也”，嘱咐弟弟南逢吉校刻《续刻传习录》。所谓“问答之辞”是薛侃所刻之三卷本语录。而“讨论之书”则是南大吉“取先生论学书复增五卷”（《王阳明年谱》嘉靖三年甲申条）。“问答之辞”“讨论之书”共计八卷，分装二册。嘉靖十四年乙未（1535），钱德洪订定《传习录》，对论学书信作了增删。他说南大吉：“刻《传习录》于越，凡二册，下册摘录先师手书凡八篇。”钱德洪所列八篇书信的名称分别为“答徐成之两书”“答顾东桥书”“答周道通书”“答陆澄书”“答欧阳德书”“答罗钦顺书”“答聂文蔚书”，并指出编定时删去“答徐成之两书”，而增加了“答聂文蔚第二书”。“训蒙大意示教读刘伯颂等”似亦为钱德洪所补录。这便是流行于今的《传习录中》。

《传习录》下卷，主要来源于钱德洪编辑的《传习续录》。嘉靖三十三年甲寅（1554），钱德洪在陈九川所录的《遗言》基础上进行删改，把自己和王畿所整理的有关王阳明言论合编成《传习续录》，在宁国（今安徽宁国）水西精舍刊行。嘉靖三十五年丙辰（1556），钱德洪又将黄以方所录的部分补入《传习续录》中，在蕲州（今湖北蕲春）出版。这是流行于今的《传习录下》。

隆庆六年壬申（1572），谢廷杰在浙江刊行《王文成公全书》，以薛侃所编《传习录》为卷上，以钱德洪增删南大吉所编的书信为卷中，以《传习续录》为卷下，附入王阳明《朱子晚年定论》。这就是《王文成公全书》的《传习录》版本。

《传习录》成书以来，不仅版本众多，而且注释繁多。明代具有代表性的注释主要有冯柯的《求是编》，选取《传习录》的全条或摘取话语片段进行评述，基调是扬朱熹而抑王阳明；刘宗周的《阳明传信录》，或摘录《传习录》中论学书若干，或萃取语录给予评论；施邦曜的《阳明先生集要》则摘取王阳明菁言进行眉批。清代具有代表性的注释主要有孙奇逢的《理学宗传》，其卷九专门选录《传习录》重要条目，并专门就“答顾东桥书”之“拔本塞源论”加以短评；黄宗羲的《明儒学案》专设《姚江学案》，撮取《传习录》名言要句及刘宗周的评语，然后加上自己的评论；王应昌的《王阳明先生传习录论》有唐九经的眉批，陶浔霍为王贻乐所编《王阳明先生全集》加批注等。

《传习录》系统而完整记录了王阳明的哲学观、教育观和政治观，其中《传习录上》和《传习录中》多为教育弟子为善去恶、诚意格物的语录，集中反映出早期王阳明思想，《传习录下》则多为居越之后教育弟子如何致良知的语录，生动折射出中晚期王阳明思想。可以说，《传习录》是研究王阳明不可不读的重要文献，也是中国思想发展史上不可或缺的重要篇章。

第四章 植根书院　传播心学

书院是中国传统教育的重要组织形式之一，盛行于宋元明清时期。毫不夸张地说，明代书院的发达与湛甘泉、王阳明的心学传播息息相关。湛甘泉、王阳明为官之余往往以书院作为学术活动的场所，一方面传播心学思想，一方面培养心学人才，在社会上产生了巨大的影响。

一、书院传学　有章有法

湛甘泉大力兴办书院，开展讲学活动，使许多学者得到心学的洗礼，在很大程度上引领了明代书院和心学的蓬勃发展。

湛甘泉从事书院教育长达55年，可谓倾毕生心血于书院教育。他依托书院，与时贤名流切磋学问，向弟子门人传授心学。笔者根据有关资料统计，与湛甘泉发生直接关系的书院多达35所，具体情况见下表：

湛甘泉书院活动一览表

序号	名称	时间	地点	筹建人	备注
1	明诚书院	正德初	广州增城	湛甘泉	右隅有王阳明所书五言古诗《书泉翁壁诗》
2	云谷书院	正德十二年丁丑（1517）	广州南海	湛甘泉	—
3	大科书院	正德十二年丁丑（1517）	广州南海	湛甘泉	湛甘泉作《大科书院训规》《大科书院训规序》

（续表）

序号	名称	时间	地点	筹建人	备注
4	独冈书院	正德末	广州增城	湛甘泉	甘泉在此讲学，曾讲《论语》“贤哉！回也”章
5	新泉书院	嘉靖初	南京	湛甘泉	嘉靖六年丁亥（1527），湛甘泉与王心斋、吕泾野、欧阳德、邹东廓会于此。嘉靖七年戊子（1528）在此大会诸士
6	甘泉书院	嘉靖六年丁亥（1527）	扬州	湛甘泉	原称甘泉行窝，由吕柟题名，后由洪垣奉命改名
7	甘泉山馆谷	嘉靖七年戊子（1528）	扬州	湛甘泉	—
8	斗山书院	嘉靖十年辛卯（1531）	徽州歙县	冯世雍	嘉靖十五年丙申（1536），翻刻《大科书院训规》于书院。嘉靖十六年丁酉（1537），湛甘泉谒朱熹阙里，过书院讲《孟子》“孟子见梁惠王”章
9	白沙书院	嘉靖十一年壬辰（1532）	广州	吴允祥	湛甘泉作《白沙书院记》。曾讲《孟子》“求则得之”章
10	天泉书院（堂）	—	徽州休宁	湛甘泉	嘉靖十六年丁酉（1537），湛甘泉谒朱熹阙里，过书院讲《孟子》“尽心知性”章
11	福山书院（堂）	—	徽州婺源	—	嘉靖十六年丁酉（1537），湛甘泉谒朱熹阙里，过书院讲《论语》“学而时习之”章
12	九华山甘泉书院	嘉靖十三年甲午（1534）	池州青阳	闻人诠、候绒、任柱等	又名中华馆谷。嘉靖十四年乙未（1535），讲《论语》“女为君子儒”章
13	帽峰书院	嘉靖中	韶州曲江	湛甘泉	嘉靖二十三年甲申（1544）讲学
14	清溪书院	—	韶州英德	—	嘉靖二十三年甲辰（1544）湛甘泉讲学

（续表）

序号	名称	时间	地点	筹建人	备注
15	灵泉书院	—	韶州英德	—	—
16	莲洞馆谷	嘉靖十八年己亥（1539）	广州增城	湛甘泉	又名莲花书院。湛甘泉作《峨眉莲花洞开创书馆记》。曾讲《论语》“我未见好仁者”章
17	朱明书院	嘉靖十八年己亥（1539）	惠州博罗	湛甘泉	湛甘泉作《罗浮朱明洞创造精舍记》
18	甘泉书院	嘉靖十八年己亥（1539）	广州增城	湛甘泉	湛甘泉作《甘泉洞修造书馆记》
19	天关书院	嘉靖十九年庚子（1540）	广州	湛甘泉	又名天关精舍。湛甘泉致仕后在此讲学，曾五日十日一会讲。其讲学语录中专门辑为《天关精舍语录》（或《天关语录通》）。在此讲《论语》“学者为己”章、“修己以敬”章、“人之生也直”章；《大学》“苟日新”章；《孟子》“霸者之民”章
20	青霞书院	嘉靖十九年庚子（1540）	惠州博罗	湛甘泉 洪垣	又名甘泉精舍
21	天华精舍	嘉靖二十年辛丑（1541）	惠州博罗	湛甘泉	建四贤祠。曾讲《论语》“智者乐山”章
22	南岳甘泉书院	嘉靖二十三年甲辰（1544）	湖南衡阳	湛甘泉	原名甘泉祠、甘泉精舍，又名衡岳书堂、紫云书院
23	白云书院	嘉靖二十九年庚戌（1550）	广州	湛甘泉	塑白沙先生像
24	上塘精舍	嘉靖三十年辛亥（1551）	广州	湛甘泉	湛甘泉云：“以上塘作上唐，盖有三唐焉：帝尧为上唐，李唐为中唐，若五代之唐，斯为下矣。”
25	禺山书院	嘉靖三十四年乙卯（1555）	广州	湛甘泉	又名禺山精舍，小禺书院
26	天阶精舍	嘉靖末	广州南海	湛甘泉	—
27	蒲涧精舍	嘉靖末	广州	湛甘泉	—

（续表）

序号	名称	时间	地点	筹建人	备注
28	玉泉精舍	—	广州南海	湛甘泉	—
29	同人馆谷	—	南京	湛甘泉	—
30	惠化馆谷	—	南京	湛甘泉	—
31	张公洞口甘泉书院	—	常州宜兴	湛甘泉	—
32	六曲仙掌书院	嘉靖十九年庚子（1540）	建宁崇安	湛甘泉	—
33	一曲王湛会讲馆谷	嘉靖十九年庚子（1540）	建宁崇安	湛甘泉	又名一曲精舍、一曲大同书院、四贤祠，邹守益曾作《武夷第一曲精舍记》
34	合一书院	嘉靖末	广州	湛甘泉	—
35	龙潭书院	嘉靖末	广州龙门	湛甘泉	湛甘泉年九十五复开讲于此，讲《论语》"克己复礼"章

明诚书院是湛甘泉正德初年任翰林时所建，著名学者屈大均的《广东新语》视明诚书院为湛甘泉亲手所建的第一所书院，"甘泉书院遍天下，此其发祥之地，故尤重云"。正德嘉靖年间，湛甘泉的好友方献夫、霍韬等人在南海的西樵山定居讲学。受他们的邀请，湛甘泉迁入西樵山。他与方献夫、霍韬一起在西樵山分别创办云谷、大科、石泉、四峰四大书院。学者纷至沓来，很快就使得湛甘泉心学声名鹊起，西樵山也由此成为当时的岭南学术中心。此后，湛甘泉通过创建书院、修复书院以及书院讲学，弘扬心学的脚步没有停止过。湛甘泉一生书院讲学活动涉及在广东地区的有22所，在外省的有13所。罗洪先的《湛甘泉先生墓表》一文言称：

（湛甘泉）道德尊崇，四方风动，虽远蛮夷，皆知向慕，相从士三千九百有余。于其乡则有甘泉、独冈、莲洞馆谷；于增城、龙门则有明诚、龙潭馆谷；于羊城则有天关、小禺、白云、上塘、蒲涧馆谷；于南海之西樵则有大科、云谷、天阶馆谷；惠之罗浮则有朱明、青霞、天华馆谷；韶之曲江则有帽峰；英德则有清溪、灵泉馆谷；南都则有新

> 泉、同人、惠化馆谷；溧阳则有张公洞口甘泉馆谷；扬州则有城外行窝、甘泉山馆谷；池州则有九华山中华馆谷；徽州则有福山、斗山馆谷；福建武夷则有六曲仙掌、一曲王湛会讲馆谷；湖南则有南岳紫云馆谷。先生以兴学养贤为己任，所至之地，咸有精舍赡田以馆谷来学。

从罗洪先举出的31所书院，可以看到湛甘泉讲学遍及增城、龙门、广州、南海、惠州、曲江、英德、南京、溧阳、扬州、池州、徽州、崇安、衡阳等地，当地学者闻风而动，慕名而来，多达3900人。作为白沙心学的衣钵传人，湛甘泉弘扬心学不遗余力。在湛甘泉之前，全国的书院要么张挂孔子画像，要么树立孔子牌位，要么建造孔子塑像，而湛甘泉在他创办的每一所书院则必立陈白沙像，进行祭拜以示尊师重教，这是明代岭南学派书院心学化的一大标志。

云谷书院和大科书院是湛甘泉在西樵山创办的两所重要书院。云谷书院建于正德十二年丁丑（1517），是西樵山四书院中最早建立的，位于西樵山大科峰之南的天峰之下。大科书院是正德十二年丁丑由湛甘泉的门生霍敦、陈谟、杨鸾集资兴建的，设有礼门、迎道堂、寅堂和宾堂、进修斋、敬义斋等建筑，置有学田，湛甘泉自任山长。

湛甘泉离开西樵山后，在南京为官期间，始终不忘兴建书院，传播心学。焦竑称赞说："江都、休宁、贵池等处，公书院所在而是。"（《国朝献征录》）嘉靖十五年丙申（1536），时任南京吏部尚书的湛甘泉告假南归增城，筹备兴建家乡娥眉莲洞书院、沙贝甘泉书馆、罗浮山朱明书馆和扩建西樵山大科书院，以备退休后轮流讲学。湛甘泉非常重视书院的选址。兴建莲花书院时，他几次登上增城的娥眉山，亲自选址。湛甘泉所作的《娥眉山莲花洞有作》诗，就是嘉靖十五年丙申十二月初七他和增城知县文章、教谕汤仁和学生伍闾等人同上娥眉视察莲洞书院建设的心境写照。

在担任南京国子监祭酒、吏部右侍郎和礼部尚书期间，湛甘泉穿梭于南京及扬州、池州、徽州、广德州等地区，向新泉书院、甘泉书院（扬州）、甘泉行窝、甘泉书院（青阳）、斗山书院、福山书院、天泉书院等书院的生徒传播心学思想。

到了晚年致仕之后，湛甘泉从事书院教育事业的活动热忱更是有增无减。嘉靖十四年乙未（1535），湛甘泉到了70岁退休之际，他上疏要求退休，结果未获批准。这一年的夏季，湛甘泉特地到了青阳县的九华山甘泉书院，给该书院的学生和当地有关官员讲解《论语》的“女为君子儒，无为小人儒”章旨。第二年的秋季，又带领得意弟子沈珠等人重临九华山甘泉书院，精心选取《论语》的“古之学者为已，今之学者为人”这一章句，掇其大义奥旨，宣讲学者立心重要性，听者备受启发。

嘉靖十六年丁酉（1537），72岁的湛甘泉经过江西南昌时，不顾年事已高，给当地的学生写了一篇《南昌讲义》，从心学的立场揭示《论语》的“颜渊喟然叹曰：‘仰之弥高，钻之弥坚，瞻之在前，忽焉在后。夫子循循然善诱人，博我以文，约我以礼，欲罢不能。既竭吾才，如有所立，卓尔。虽欲从之，末由也已’”之章的思想涵义。紧接着，又到福山书院、天泉书院、斗山书院，分别给学生讲解《论语》“学而时习之，不亦说乎！有朋自远方来，不亦乐乎！人不知而不愠，不亦君子乎！”章义、《孟子》“尽其心者，知其性也。知其性，则知天矣。存其心，养其性，所以事天也。殀寿不贰，修身以俟之，所以立命也”章义和《孟子》“孟子见梁惠王。王曰：‘叟，不远千里而来，亦将有以利吾国乎？’”章义。

湛甘泉一直到嘉靖十九年庚子（1540）75岁才获准退休。当年十月初七，湛甘泉入住罗浮山的朱明书院。其后，湛甘泉时常奔波于罗浮山、增城及广州等地，春赴罗浮山的朱明书院，夏往西樵山的大科书院，秋居广州的天关书院，冬入增城的甘泉书院，讲学不已，乐在其中。嘉靖二十三年甲辰（1544）九月初七，79岁的湛甘泉带领黄云淡、周荣朱登上衡山的望月台，直到十一月初四才离开衡山。在这期间，湛甘泉在紫云峰山脚捐资建立甘泉书院，并建造白沙祠。此外，湛甘泉还为衡山甘泉书院置学田5顷。

同年，湛甘泉在广州城区修建了一座占地数十亩的“湛家园”，用作自己居住憩息之所，还专门在府第两旁兴建了天关精舍。

就算到了耄耋之时，湛甘泉仍不顾年迈，以91岁高龄再登衡山的祝融峰。在衡山逗留数月之久。湛甘泉除讲学外，还致力于重修甘泉书院。这是湛甘泉生前为了书院教育事业最后一次远足。

在《湛甘泉先生文集》和《泉翁大全集》中，收有湛甘泉为各地书院所作的记、序、铭、引、文、启等数十篇，涉及建院、祭祀、学田、聘请主讲、会讲、作文等许多问题，充分彰显出他对书院教育的热爱和支持。正是由于湛甘泉对书院的钟情，才使得广东书院数量后来居上，在有明一代跃居全国第三，仅次于江西、浙江，首开广东书院的勃兴局面。同时，也通过书院充分表达了岭南地域文化的个性以及岭南心学的文化诉求，有力推动了岭南学术文化的发展与繁荣。

湛甘泉书院教育之所以成就斐然，与其对书院的管理有章有法密不可分。

1. 建章立制，规范管理

湛甘泉十分注重书院的规章制度建设。他参照朱熹的《白鹿洞书院学规》，明正德十五年庚辰（1520）为大科书院制定了61条训规，定名为《大科训规》，分为《训规图》《大科书堂训》《叙规》三部分，洋洋近六千言。

《大科训规》正反二十四条表

敬义志道	肆利不志道
体认天理	肆欲
寻实乐	虚乐
求道于人伦间	外伦求道
笃实	先文艺
言动由中出	巧令滋伪
不怨尤迁怒	暴怒
事父兄诚切	事父兄不诚切
自得师	不求师
传习	传而不习
遇长谦让	遇长抗据
同门久敬	同门猜嫌
期约以信	期约不信
去成心	师成心
二业合并	徒举业以干禄

（续表）

内外混合	支离
读书调心合	读书主敬两途
作字敬	作字欲好
考业用心精	用心粗
读书观山水不失己	读书观山水梏亡
博六经开知见	泛滥仙佛坏心术
作文发所得	作文欲胜人
教童仆	纵家童
君子	小人

这24项两两相对，泾渭分明，让学生明了荣辱是非，懂得什么是正确的，什么是错误的。例如首条就明确规定学生应“敬义志道”，切忌“肆利不志道”，告诉学生为学的目的是上达于圣贤。而为了成就圣贤之境，就必须心存敬义。反之，如不志于道，汲汲于利，则无法造就圣贤般的理想人格。

《大科训规》完备的行为准则不仅使学生有规可依，同时也使书院的管理者有章可循，这在湛甘泉以前的明代书院教育中是十分罕见的。另外，在《二业合一训》《求放心篇》《心性图说》中，也有涉及书院管理的规制性条例，明确详实地规定了书院学生的为学旨趣、修习课程、尊卑礼仪、作息制度等一系列行为准则。从湛甘泉有关书院的规章设定中，不难看出湛甘泉对教育教学质量保障的追求。

湛甘泉对学生的管理是非常严格的。他要求学生必须严格作息，刻苦用功。首先，他制订了严格的书院作息时间表，《大科书堂训》规定，“诸生进德修业，须分定程限，日以为常。每日鸡鸣而起，以寅卯辰三时诵书，以巳午时看书，以未时作文，申酉二时默坐思索，戌亥二时温书。然此等大抵皆不可失了本领，通是涵养体认之意”。他要求学生每天早上3点鸡叫的时候起床，早上3点至9点朗读课文，9点到下午1点看书，下午1点到3点写文章，下午3点到7点静坐思考，晚上7点到11点复习功课。从书院规定的作息时间表来看，学生大部分的时间都用在学习上，除了吃饭时间外，只有4个钟头的睡觉时间，这不刻苦是做不到的。可以看出，湛甘泉对于时间的重视和珍惜。他语重心长地对学生说“诸生离父母兄弟妻子来山从学，须实用十分工夫，乃能赎其离违之罪。若又悠悠过日，是又罪之甚者也”，并且还说：“圣人惜阴如是，况学者乎”。

为了落实作息时间的执行情况，湛甘泉还专门为读书规定了纪律监察制度，设置值日生进行监督，以考勤惰。“诸生用功两廊，各轮流一人觉察勤惰，人人皆要读到二更尽，其有惰者戒饬之，甚有鞭策。”同时，对于不服从管理，又有明显过错的学生，书院可以勒令其退学，“诸生中有传而不习者、显愆者，有耻事，其师听其辞归以为诸生之励”。通过适当处罚违规的学生来警示其他的学生。

同时，为了检查学生的学习效果，湛甘泉也制订了相应的措施。他规定：“诸生朔望听讲之后，轮流一人讲书一章，以考其进修之益。”规定学生听了教师的授课以后，必须轮流讲课一次，以检查学生听课的效果。另外，还规定对学生的学习状况进行阶段性测试，“进德修业乃是一段工夫。总于修业上着力，每月二六日考业以验其进修之次第，所以鞭策令自力也”。湛甘泉还指出考试是为了让学生掌握自己的学习情况，鼓励学生刻苦钻研。他说：“于所考文字只批点可否，令其自觉用心之精粗以自励耳。”

湛甘泉反对学生死读书、读死书。在湛甘泉所办的书院中，有读书、诵书、看书、温书、讲书、默坐思索、作文、考业、习字、游观山水、歌诗、作乐等诸多形式的课程类型。

湛甘泉强调劳逸结合，主张“诸生肄业，遇厌倦时，便不长进，不妨登玩山水，以适其性。《学记》有游焉息焉之说，所以使人乐学鼓舞而不倦”，认为以诗自娱，平日不妨定时诵读诗词以消除疲劳，涵养性情以活跃思维，“朔望或朝夕参观质疑请益之后，即随意歌诗二章、三章，陶养性情，又长人意思”。“诸生人人皆学诗歌作乐，以涵养德性，……安可一日缺此。或读书至深夜，则会于本斋歌诗以畅意气，又长一番精神。”

除了对学生的学习有严格的规定，湛甘泉还格外强调学生礼仪文明的养成。他主张学生应当从日常小事中养成良好的礼节习惯：“诸生相处，一言一动，皆本礼仪；时言俗态，一毫不留。”又教导学生要做一个尊师重道的人，“诸生每与先生同侪之人，必推先生之意，以前辈事之”。“候先生出堂，整班而升，长少各依次序，所以养其敬谨之心”，使书院成为长幼有序、尊卑有节的礼义文明之所。

2. 德才取师，德优为先

学者多是怀抱求知的希望，仰慕名师来到书院学习。湛甘泉深知教师之于书院的重要意义。他打比方说，正如人有病痛必求医师，学者有困惑必问教师。因此，开设书院，湛甘泉认为聘请教师一定要谨慎，特别要考察教师品德的好坏。他认为教师就好比医生，学生就好比病人。医生的医术不好，就会危及病人的生命；教师的品德不好，就会引导学生误入歧途。他指出：“师也者，犹诸医学也。学者其犹诸病也。医以就中和而已，医而偏焉，杀人之术也，师而辟焉，陷人之道也，可不谨乎！”另外，湛甘泉还要求教师要能关心学生的健康及生活，他指出：“生员有疾，亲教之师必须存问饮食，必知于典薄。疾重者以文上告，药饵尤经有司。”如果教师对学生不闻不问，导致学生出现问题，那是要接受处罚的。“失于存问饮食，药饵不节，或有伤生者，罪坐亲教。”明确表示教师对学生的关心与否，也是衡量其师德好坏的标准之一。

在湛甘泉之前的明初书院，教师大都是在书院创办者的家族范围内选拔聘用。湛甘泉突破家族的局限，主张不限地域，凡是德才兼备者都可以成为书院的教师。他宣称：“远者及近处有德行道义先觉之人可为师法者，必恭请讲书，以求进益，闻所未闻。”意思是说，不管地域的远近，只要他的品德优秀，学识渊博，而且富有知识的创新能力，就可以聘其为书院的教师。

应该说，湛甘泉的书院教师观是颇有见地的。书院教师不仅要学富五车，还要教书育人，关心呵护学生的身体健康，用心培养学生的思想品德。这既是对韩愈所言“师者，所以传道、授业、解惑也”的内涵升华，也对我们当今立德树人的教育理念有着深刻的启示作用。

3. 慷慨解囊，资助书院

湛甘泉解囊为书院购赡田置仓廪，资助贫困学生，这也是湛甘泉创办书院的特色之一。这项措施既解决了贫困学生生活上的困难，也保障了书院经费的来源。

湛甘泉为官多年，俸禄丰厚，家中还有不少田产收入，但他生活俭朴，把自己的俸禄和积蓄都用来补贴书院开支以及资助学生。湛甘泉创办的书院均有赡田，“先生以兴学养贤为己任，所至之地，咸有精舍赡田，以馆穀来学”。（《湛甘泉先生墓表》）用赡田的收入来资助书院求学的弟子。

据湛汝松的研究，在湛甘泉所建的书院赡田中，要数莲洞书院的赡田规模最大。为了置办莲洞书院的赡田，湛甘泉耗资甚巨。湛甘泉为此写道：“凡乃工金一千五百有奇，盖陂闸屡起而屡圮，屡圮而屡更之，故其费也博，而吾一二十年俸入之囊罄于此矣。厥惟艰哉！乃筑赡仓于白石之墟，为廒者二层，层为屋者五间，有廊有厅。凡岁赡田之入必有贮之。”（《泉翁大全集·莲洞书馆赡田仓记》）也就是说，湛甘泉为了建筑莲洞书院和设立莲洞书院的赡田，几乎花费了他近20年俸禄的积蓄，仅开垦莲洞书院赡田的人工，就用了白银1500两。而且，在增城新塘还传颂着这样的故事：

> 莲洞书院位于娥眉山山腹，山高路陡。学生背负粮食上山十分困难。湛甘泉经过调查，知道书院附近四村交界处有很多荒地，就想置下这些荒地开垦用作赡田。但由于很多荒地都无主，加上四村交邻，当地乡绅都觉得难于处理。于是，甘泉便派儿子柬之与学子代表一齐向县官申请，承诺以开垦田地中的一定比例纳税为条件而终于获准把书院四周十多顷无主荒地纳入莲洞书院范畴，供书院开垦以作“赡田”“义田”之用。经过数年开垦耕耘，“馆谷”收入越来越多，除了用于资助贫困与品学兼优的学生外，还用于修建院舍，改善排水系统。

这个故事，展现在我们眼前的是一位老者，不辞劳苦，不惜搭上积蓄，为的就是让来向他学习的穷苦学生能有生活保障，书院能进行正常的运作，促进家乡的教育与文化发展。弹指一挥间，五百年过去了，家乡人还在传扬湛甘泉捐资兴办书院的故事。

赡田的来源，除了湛甘泉自己购买赠给书院的，还有一些好义之士捐助的或者是地方官员捐赠的，如衡阳南岳的甘泉书院就有赡田5顷。

当然，湛甘泉对学生的资助是有条件的。他说："凡生徒不审其兼习二业，为古之德行、道艺而冒诈以来居斯屋、食斯谷者，有如此誓。其懒惰及不为举子业而以虚名浮夸无实得者，不馆不谷。"就是说，那些不认真学习"德业""举业"，假学习之名来骗吃骗住的人，书院是不提供住宿和粮食的。除了特别贫困的学生，远地前来求学的学生也给予优先资助。譬如，湛甘泉在《大科书堂训》就明确规定："本书院有好义之士，所置学田，随年所收多寡，贮之公廪。量诸生之贫，及远方不能裹粮者给之。置支销簿，以公正之人主其事。"

从上可见，湛甘泉的书院管理模式是一种较为完备的管理模式。湛甘泉书院管理的成功经验，使得甘泉心学的影响越来越大。

说到甘泉心学的影响渐趋甚大，除开他的书院管理模式，还有一个至关重要的因素，那就是离不开他精心编撰的讲章。所谓讲章，亦称讲义，是指讲学者以儒家经典章句义理为讨论专题而编撰的讲稿。作为一种教学材料，讲章的篇幅形制可大可小，或为四书五经中的专经讲稿，或为专经中某一章句的讲稿，抑或两者兼而有之。也就是说，讲章的体裁和字数多寡，完全由讲学者来确定。就编撰主体和内容而论，"讲义"主要是讲学者个人对所授内容的一种教学设计，在一定程度上集中反映了其对儒家经典章句义理的理解和看法。在宋明理学和心学教育史上，陆九渊的"白鹿洞书院《论语》讲义"就是其中一篇非常有名的讲章。

宋淳熙八年辛丑（1181）二月初十，陆九渊受朱熹邀请到白鹿洞书院讲学，陆九渊专以《论语》的"君子喻于义，小人喻于利"章句为题，阐发了自己的心学理论主张。"君子喻于义，小人喻于利"虽属《论语》中一则老生常谈的章句，讲解也不乏其人，但陆九渊这场讲演十分精彩，听讲的人都很感动，有的甚至落泪。朱熹也备受感动，于是将陆九渊的讲稿进行刻石，并题写了一个跋语。他在跋中高度评价这篇《讲义》："发明敷畅，则又恳到明白，而皆有以切中学者隐微深痼之病，盖听者莫不悚然动心焉。"（《陆九渊集·讲义》）

湛甘泉所写的讲章，留存在《泉翁大全集》的二十六则讲章，可分为两大类。一类是为经筵讲读时所进呈的讲稿，即经筵讲章；另一类是在官学、书院授课时所撰的讲稿，即官学、书院讲章。

湛甘泉的经筵讲章计有四则，它的讲题分别是嘉靖二年癸未（1523）四月初四进讲的《尚书·虞书·大禹谟》之“可爱非君，可畏非民。众非元后，何戴？后非众，罔与守邦。钦哉！慎乃有位，敬修其可愿。四海困穷，天禄永终”章；同年九月十二日进讲《尚书·虞书·皋陶谟》之“天聪明自我民聪明，天明畏自我民明威，达于上下，敬哉有土”章；《论语·泰伯》之“子曰：‘禹，吾无间然矣。菲饮食而致孝乎鬼神；恶衣服，而致美乎黼冕；卑宫室，而尽力乎沟洫。禹，吾无间然矣’”章；《尚书·周书·无逸》之“周公曰：‘呜呼！君子所其无逸，先知稼穑之艰难，乃逸，则知小人之依’”章。

湛甘泉的官学、书院讲章共有二十二则，它的讲题分别是“九华山甘泉书院讲章：《论语》之‘女为君子儒，无为小人儒。’章”“泗州两学讲章：《大学》之‘大学之道，在明明德，在亲民，在止于至善’章”“扬州府县学讲章：《论语》之‘君子不重则不威’章和《中庸》之‘天命之谓性，率性之谓道，修道之谓道’章”“九华山中华书堂讲章：《论语》之‘古之学者为己，今之学者为人’章”“会华书院讲章：《孟子》之‘仁，人心也；义，人路也。舍其路而弗由，放其心而不知求，哀哉！人有鸡犬放，则知求之，有放心而不知求。学问之道无他焉，求其放心而已矣’章”“韶州明经馆讲章：《孟子》之‘人之所不学而能者，其良能也。所不虑而知者，其良知也。孩提之童，无不知爱其亲；及其长也，无不知敬其兄也。亲亲，仁也，敬长，义也。无他，达之天下也’章”“南昌讲义：《论语》之‘颜渊喟然叹曰：仰之弥高，钻之弥坚，瞻之在前，忽焉在后。夫子循循然善诱人，博我以文，约我以礼，欲罢不能。既竭吾才，如有所立，卓尔。虽欲从之，末由也已’章”“福山书堂讲章：《论语》之‘学而时习之，不亦说乎！有朋自远方来，不亦乐乎！人不知而不愠，不亦君子乎！’章”“天泉书堂讲章：《孟子》之‘尽其心者，知其性也。知其性，则知天矣。存其心，养其性，所以事天也。殀寿不贰，修身以俟之，所以立命也’章”“斗山书堂讲章：《孟子》之‘孟子见梁惠王。王曰：“叟，不远千里而来，亦将有以利吾国乎？”孟子对曰：“何必曰利，亦有仁义而已矣。”王曰：“何以利吾国？”大夫曰：“何以利吾家？”士庶人曰：“何以利吾身？”上下交征利，而国危矣。万乘之国，弑其君者，必千乘之家；千乘之国，弑其君者，必百乘之家。万取千焉，千取百焉，不为不多矣。苟为后义而先利，不夺不餍。未有仁而遗其亲者也，未有义而后其君者也。王亦曰仁义而已矣，何必曰利？’章”“独冈书院讲章：《中庸》之‘天下国家可均也，爵禄可辞也，白刃可蹈也，中庸不可能也’章”“青霞洞讲章：《论语》之‘樊迟从游于舞雩之下，曰：“敢问崇德、修慝、辨惑。”子曰：“善哉问。先事后得，非崇德与！攻其恶，无攻人之恶，非修慝与？一朝之忿，忘其身以及其亲，非惑与？”’章”“天华精舍讲章：《论语》之‘知者乐水，仁者乐山。知者动，仁者静。知者乐，仁者寿。’章”“白沙书院讲章：《孟子》之‘求则得之，舍则失之，是求有益于得也，求在我者也。求之有道，得之有命，是求无益于得也，求在外者也’章”“天关精舍讲章：《论语》之‘古之学者为己，今之学者为人。’章”“天关精舍讲章：《中庸》之‘汤之盘铭曰：“苟日新，日日新，又日新。”康诰曰：“作新民。”诗曰：“周虽旧邦，其命维新。”是故君子无所不用其极。’章”“莲洞书馆讲章：《论语》之‘子曰：“我未见好仁者，恶不仁者。好仁者，无以尚之。恶不仁者，其为仁矣，不使不仁者，加乎其身。有能一日用其力于仁矣乎？我未见力不足者，盖有之矣，我未之见也。”’章”“天关精舍讲章：《孟子》之‘孟子曰：“霸者之民，驩虞如也。王者之民，皞皞如也。杀之而不怨，利之而不庸，民日迁善而不知为之者。夫君子所过者化，所存者神，上下与天地同流，岂曰小补之哉！”’章”“天关精舍讲章：《论语》之‘子路问君子。子曰：“修己以敬。”曰：“如斯而已乎？”曰：“修己以安人。”曰：“如斯而已乎？”曰：“修己以安百姓。修己以安百姓，尧舜其犹病诸！”’章”“天华书院讲章：《中庸》之‘惟天下至诚，为能尽其性；能尽其性，则能尽人之性，能尽人之性，则能尽物之性，能尽物之性，则可以赞天地之化育；可以赞天地之化育，则可以与天地参矣。’章”“天关精舍讲章：《论语》之‘子曰：“人之生也直，罔之生也幸而免。”’章”。

比较而言，湛甘泉的书院讲章几乎都是围绕《论语》和《孟子》的核心章句展开阐释的，而且其中浸透着浓郁的心学色彩，迥异于两汉时期的精舍和精庐的经学教育。

书院的组织形式，最早可上溯到两汉时期的精舍和精庐。精舍和精庐是汉代的经师大儒开门授徒的地方。在一经或数经的教学方法上主要采用词章训诂的笺注形式。它在选址办学、私人兴建、延师授徒等方面，与后世的书院有较多相似的地方。然而这种组织形式在当时并没有产生很大影响，也没有很好地传承下来。

随着西汉末年佛教自西域传入我国中原地区，佛教的禅师们纷纷借用中国原有名称，把传经授徒的地方称为精舍、精庐。南北朝时期佛教大行其道，精庐与精舍大多已成为僧人传经讲道之所。由于称谓混用，使得人们提及精舍、精庐时僧俗不分，释儒难辨。这种现象令一些自命为正统的儒家学者感到甚为愤懑，于是便选择用书卷味更浓厚的“书院”二字来命名治学读书、讲学授徒的处所，于是，书院的称谓不胫而走，开始逐步取代先前的精舍、精庐的称呼。

唐代以后，书院多为儒士隐居读书之处。私人创建的书院渐多，唐诗或地方志中“书院”出现频率渐高，一些山林胜地、佛教寺院更成为学子们读书讲习的理想场所。清幽的环境、衣食的提供等往往能为学子们特别是贫寒之士提供读书的便利条件。加之唐末五代十国时期征战不休，社会动荡，文教衰落，科举废弛，儒士遂多选择寓居乡野，潜心读书讲学，这些都大大增强了书院的吸引力。

历史地看，见于唐代史籍上所称的书院，主要是一种由中央政府设立的，旨在编录国史、整理古籍与提供咨询、顾问、侍读、侍讲的机构，它还不具备聚徒讲学的教育组织性质。如丽正书院、集贤书院等。

据地方史志记载，在当时一些私人设立的书院中，出现了授徒讲学的活动。如东佳书院、松洲书院。不过，这类书院在当时还不普遍，规模一般也不大，没有形成系统的规章制度，只能算是后来宋明书院的萌芽。

宋代书院的发达同理学的盛行息息相关。南宋的理学家往往以一所或几所书院作为讲学和学术活动的场所。如朱熹主持白鹿洞书院，张栻主持岳麓书院，陆九渊主持象山书院，吕祖谦主持丽泽书院。其中，朱熹对书院在南宋的发展起了非常重要的作用，并对后世书院的发展有着深刻的影响。宋淳熙六年己亥（1179）三月，朱熹任南康军太守时，在庐山发现白鹿洞书院故址，于是呈报朝廷，申请兴复，于次年告成。书院修复后，朱熹自任洞主并亲自掌教，聘学录杨日新为书院堂长，并向各地发文征求图书。朱熹还亲自为书院制定了条规，对书院的宗旨、为学之序以及修身、处事、接物之要作了系统而详细的规定，名曰《白鹿洞书院揭示》（亦称《白鹿洞书院学规》《白鹿洞书院教条》），成为中国书院发展史上的一个纲领性文件，这不仅对于当时及后世书院教育而且对官学教育都产生了一定影响。南宋书院发展史上还流传下来很多教育学术佳话，如“朱张会讲”“鹅湖之会”“白鹿洞讲学”等。

明朝建立后，统治者非常重视学校教育，大力发展官学，提倡科举取士，官学在社会上占据了主导地位。士人为了求取功名利禄，对官学趋之若鹜，使明初官学的普及出现了唐宋时所未有的盛况。同时，统治者对书院采取既不提倡也不修复的态度，有时甚至发生官学侵占书院院址乃至直接吞并书院改为官学的现象，书院备受冷遇，逐渐走向衰落。从明朝立国至明孝宗弘治十八年乙丑（1505）的130余年间，书院都处于沉寂状态，明孝宗甚至曾宣称：“本朝无书院之制。”

实际上，明初并非没有书院的设置。早在洪武元年（1368），明太祖因袭元朝旧制，设立了洙泗、尼山二书院，但只是为祭祀孔子及其弟子，而不复有讲学之举。《续文献通考·学校考》中介绍，“其时各省皆有书院，弗禁也。”各地亦时有书院成立。又据《白鹿洞书院史略》考，自洪武元年至明孝宗弘治十八年，江西省新建的书院约有51所。同一时期广东新设书院约为17所。这些书院主要有象山书院、昌溪书院、养正书院、崇正书院、濂溪书院等。由此可知，明初的书院并未被统治者完全禁止，而只是数量较少而已。

明中叶以后，统治衰败，官学空疏，科举腐化，随着学校教育功能的减退和学术文化思想的活跃，以及明朝内部政治矛盾的激化，从内阁大臣到皇帝本人，对“敦崇正学、风厉斯文”的书院以及尊崇当今皇帝的书院，都开始采取明显的支持态度。因而，书院又再度兴起，到明成化、弘治时期，明代的书院数量大幅增加，书院建设开始从以前的低谷走向复苏。

随着湛甘泉和王阳明等一批学者的涌现以及他们对书院的大力倡导，从正德（1506—1521）时期开始，书院建设进入兴旺发达阶段。特别是嘉靖以后，湛甘泉和王阳明的心学书院发展到极盛，对明代的教育、学术文化及社会政治产生了很大影响。

二、书院讲会　思想广布

王阳明不仅是著名的哲学家，了不起的军事家、政治家，也是杰出的教育家。

像湛甘泉一样，王阳明也极为重视讲学和书院教育的作用。王阳明讲学，“流风所被，倾动朝野，于是缙绅之士，遗佚之老，联讲会，立书院，相望于远近”。（《明史·传赞》）他不论是身贬龙场，还是巡抚两广，都热心创建书院，随处讲学，传播心学，历时23年之久。王阳明独具特色的书院讲会制度，把讲学活动和心学传播紧密地结合起来，使得书院逐渐发展成为区域性的学术活动中心，大大地促进了人们的思想自由和社会文化的繁荣。

王阳明一生除去政治事务和文字著述活动，基本上都没有离开过书院。为了更直观了解王阳明的书院活动，我们把有关王阳明的书院活动制成一个表格。

王阳明书院活动一览表

序号	名称	时间	地点	活动
1	龙冈书院	正德三年戊辰（1508）	贵阳	阳明创建的第一个书院。著《示龙场诸生条》《龙场生问答》等文章及《龙冈新构》《龙冈漫兴五首》等诗。提出“立志”“勤学”“改过”“责善”教育主张
2	岳麓书院	正德二年丁卯（1507）	长沙	讲学。赋长诗《游岳麓书事》以纪之
3	贵阳书院（文明书院）	正德四年己巳（1509）	贵阳	讲学。第一次提出了“知行合一”观

（续表）

序号	名称	时间	地点	活动
4	濂溪书院	正德十三年戊寅（1518）	赣州	重修
5	义泉书院	正德十三年戊寅（1518）	赣州	创建
6	正蒙书院	正德十三年戊寅（1518）	赣州	创建
7	富安书院	正德十三年戊寅（1518）	赣州	创建
8	镇宁书院	正德十三年戊寅（1518）	赣州	创建
9	龙池书院	正德十三年戊寅（1518）	赣州	创建
10	白鹿洞书院	正德十三年戊寅（1518）	南康	赠书《大学古本》《中庸古本》和《修道说》，并刻成石碑传世
		正德十五年庚辰、十六年辛巳（1520—1521）		两次在白鹿洞书院聚集门人弟子讲学，留诗题字、遗金置田
11	稽山书院	嘉靖三年甲申（1524）	绍兴	创建。撰写《稽山书院尊经阁》
12	阳明书院	嘉靖四年乙酉（1525）	越城	创建
13	万松书院	嘉靖四年乙酉（1525）	杭州	题记。王阳明为之作《万松书院记》
14	复古书院	嘉靖五年丙戌（1526）	广德州	王阳明门人邹守益创建，王阳明致信大加赞赏，而且还鼓励他建立乡约组织
15	敷文书院	嘉靖七年戊子（1528）	南宁	创建书院，聘其门人季本主讲

从上表可以看出，王阳明在其人生的各个不同阶段至少创建了9个书院。

明正德三年戊辰（1508）春，王阳明被贬贵州龙场。他自求诸心，在龙场驿讲学，传授贵州学子“心学”，他的名声不胫而走，甚至有学生远从中原地区到龙场驿来跟随他。于是当地苗人帮他盖起一栋较大的房子，王阳明将其命名为“龙冈书院”，著名的《教条示龙场诸生》就是王阳明在龙冈书院创作完成的。

明正德十一年丙子（1516）八月王阳明担任南（南安府）、赣（赣州府）、汀（汀州府）、漳（漳州府）巡抚，一直到正德十四年己卯（1519）。他在镇抚南赣的3年多的时间里，在赣州的郁孤台下创立阳明书院。在此聚众宣讲其“致良知”学说，以期“破心中贼”。弟子何廷仁、黄宏纲、何春、刘潜、谢魁、赖元、李大集、刘润、管登等从学。

明正德十三年戊寅（1518），王阳明为弘扬理学开山祖周敦颐的思想，在原布政司旧址再次重建濂溪书院，招收学生，传授心学。

明正德十六年辛巳（1521）十一月，王阳明平定宁王朱宸濠叛乱后，升任南京兵部尚书，被赐封“新建伯”。返回绍兴期间，王阳明一边著述，一边讲学，忙得不亦乐乎！因慕名投师的人日益增多，王阳明只得创立稽山书院来招收绍兴府下辖八县的家乡学子，安置来自湖广、南直隶和南赣等外地的数百学子。为了更多地吸纳好学青年，明嘉靖四年乙酉（1525）他又在绍兴城的西面新建了一个书院，取名为“阳明书院”。

明嘉靖七年戊子（1528）六月，王阳明在平定广西思田之乱期间，曾率员至南宁，于南宁城北门口县学旧址重建书院，日集诸生，讲学其中，论辩“致良知学”，“宣扬至仁，诞敷文德”（王阳明题额），故名“敷文书院”。

王阳明深得教学相长的思想精髓，它的心学理论来源其社会实践，也得益其书院讲学。

王阳明著名的“知行合一”学说，即萌芽于龙冈书院讲学和成熟于文明书院讲学。

在创建龙冈书院时，王阳明建章立制，在他亲自写就的《教条示龙场诸生》要求“诸生相从于此，甚盛。恐无能为助也。以四事相规，聊以答诸生之意，一曰立志；二曰勤学；三曰改过；四曰责善。其慎听，毋忽！”

所谓“立志”，王阳明的界定是：“志不立，天下无可成之事。虽百工技艺，未有不本于志者。今学者旷废隳惰，玩岁愒时，而百无所成，皆由于志之未立耳。故立志而圣，则圣矣；立志而贤，则贤矣。志不立，如无舵之舟，无衔之马，飘荡奔逸，终亦何所底乎？昔人所言：‘使为善而父母怒之，兄弟怨之，宗族乡党贱恶之，如此而不为善，可也。为善则父母爱之，兄弟悦之，宗族乡党敬信之，何苦而不为善、为君子？使为恶而父母爱之，兄弟悦之，宗族乡党敬信之，如此为恶也，可也。为恶则父母怒之，兄弟怨之，宗族乡党贱恶之，何苦必为恶、为小人？’诸生念此，亦可以知所立志矣。”在王阳明看来，成圣为贤是每一位学生都必须树立的人生目标。

所谓“勤学”，王阳明的界定是：“已立志为君子，自当从事于学。凡学之不勤，必其志之尚未笃也。从吾游者，不以聪慧警捷为高，而以勤确谦抑为上。诸生试观侪辈之中，苟有虚而为盈，无而为有，讳己之不能，忌人之有善，自矜自是，大言欺人者，使其人资禀虽甚超迈，侪辈之中有弗嫉恶之者乎？有弗鄙贱之者乎？彼固将以欺人，人果遂为所欺，有弗窃笑之者乎？苟有谦默自持，无能自处，笃志力行，勤学好问，称人之善，而咎己之失，从人之长，而明己之短，忠信乐易，表里一致者，使其人资禀虽甚鲁钝，侪辈之中，有弗称慕之者乎？彼固以无能自处，而不求上人，人果遂以彼为无能，有弗敬尚之者乎？诸生观此，亦可以知所从事于学矣。”他希望每一个学生做到勤奋、好学、谦虚、忠信，能够扬长避短。

所谓“改过”，王阳明的界定是：“夫过着，自大贤所不免，然不害其卒为大贤者，为其能改也。故不贵于无过，而贵于能改过。诸生自思，平日亦有缺于廉耻忠信之行者乎？亦有薄于孝友之道，陷于狡诈偷刻之习者乎？诸生殆不至于此。不幸或有之，皆其不知而误蹈，素无师友之讲习规饬也。诸生试内省，万一有近于是者，固亦不可以不痛自悔咎，然亦不当以此自歉，遂馁于改过从善之心。但能一旦脱然洗涤旧染，虽昔为盗寇，今日不害为君子矣。若曰吾昔已如此，今虽改过而从善，将人不信我，且无赎于前过，反怀羞涩凝沮，而不甘心于污浊终焉，则吾亦绝望尔矣。”他鼓励每一个学生过则勿惮改，三思而后行，能够从善如流。

所谓“责善”，王阳明的界定是：“责善，朋友之道。然须忠告而善道之。悉其忠爱，致其婉曲，使彼闻之而可从，绎之而可改，有所感而无所怒，乃为善耳。若先暴白其过恶，痛毁极诋，使无所容，彼将发其愧耻愤恨之心，虽欲降以相从，而势有所不能，是激之而使为恶矣。故凡讦人之短，攻发人之阴私，以沽直者，皆不可以言责善。虽然，我以是而施于人不可也。人以是而加诸我，凡攻我之失者，安可以不乐受而心感之乎？某于道未有所得，其学卤莽耳。谬为诸生相从于此，每终夜以思，恶且未免，况于过乎？人谓事师无犯无隐，而遂谓师无可谏，非也。谏师之道，直不至于犯，而婉不至于隐耳。使吾而是也，因得以明其是；吾而非也，因得以去其非：盖教学相长也。诺生责善，当自吾始。”他激励每一个学生应学会从我做起，不恶意去揭他人之短，而要真诚帮助他人，善意地对待别人指正自己的过错。

王阳明《教条示龙场诸生》所提出的立志、勤学、改过、责善“四事”相辅相成，“四事”之间层层相因，条条贯通，具体地展现出王阳明“知行合一”的教育理念。

明正德四年己巳（1509），贵州提学副使席书十分钦佩王阳明的为人和为学，亲自前往龙场邀请阳明主持贵阳的文明书院讲学。两人一见如故，相谈甚欢。席书在公事之余暇，时常到文明书院与王阳明一起讨论心学问题，有时围观的学生有百人之多。王阳明著名的“知行合一”学说，也正是在文明书院的讲学活动中不断碰撞而得以积淀成熟的。

在文明书院的教学过程中，王阳明采用咏歌、问答、闲聊等多样化的形式讲授心学。王阳明精通音律，善用家乡浙江余姚的咏歌腔调，寓教于乐，化繁为简，使学生所学的知识和道理能够易懂、易记、易诵。在和学生的问答、闲聊之中，王阳明也能够充分调动学生的学习主动性。

不仅王阳明的“知行合一”学说与书院讲学有着密切的关系，而且他的“四句教”的形成和传播也和书院讲学因缘甚大。

明嘉靖元年壬午（1522），因父亲王华病逝，王阳明依照礼制，在家丁忧三年。这是王阳明从踏入仕途之后，在家乡停留最长的一段岁月。在这段脱离繁杂政事的期间，王阳明在余姚、绍兴两地积极讲学，精益求精。嘉靖四年，他亲自创建阳明书院，以便于更多的人习得他的心学思想。回到余姚后，他在龙泉山的中天阁定期讲学，规定每月初一、初八、十五、廿三日为会讲日，由他本人亲自主讲，讲授的方式以学生提问和师生讨论为主，其他的日子则由他的弟子分别主讲。

在绍兴的稽山书院和阳明书院教学期间，王阳明培养出钱德洪、徐爱、蔡希颜、朱守忠等一大批深谙心学的弟子。

王阳明在书院的讲学过程中不断完善“致良知”的心学思想，他所撰写的《稽山书院尊经阁记》就是其心学思想的代表作。在稽山书院讲学时，来自全国各地的听讲者达300多人。寓教于乐，师生和谐。对此，钱德洪深情地回忆道：先生在绍兴稽山书院讲学时，中秋月白如昼，先生与侍者设席于碧霞池畔天泉桥上，门人再侍者百余人，酒半酣，歌声渐动。先生命歌诗，诸弟子比音而作，翕然如协金石，能琴者理丝，善箫者吹竹。久之，或投壶，或击鼓，或泛舟。先生见诸生兴剧，顾而乐之，遂即席赋诗，欣然吟出“铿然舍瑟春风里，点也虽狂得我情”之语。这样一种相知相契的浓浓讲学氛围，促使王阳明的心学思考愈发邃密而深沉，“自我解释良知头脑，渐觉得此意者多，可与裁矣”。

正是在书院的讲学不断刺激下，王阳明萌生出“无善无恶是心之体，有善有恶是意之动，知善知恶是良知，为善为恶是格物”四句教。明嘉靖六年丁亥（1527）五月，王阳明奉命出征广西思田。王阳明临行前，在府第附近的天泉桥与学生们话别时，则正式提出了“无善无恶是心之体，有善有恶是意之动，知善知恶是良知，为善为恶是格物”，这四句话即“四句教”，是王阳明心学思想的基本总结，也是他治学的一大特色。因王阳明与钱德洪、王畿在天泉桥上讨论“四句教”的思想实质意义，故称之为“天泉证道”。

众所周知，王阳明创立的姚江学派是明代心学的一个重要派别。但这一派别的形成实与王阳明采取书院的讲会制度也有着内在的逻辑关联。

王阳明书院讲学一个非常突出的特点就是采取讲会方式组织教学。一般来说，“讲会”是指学术团体，“会讲”是指学术聚会，而会讲时一般都有学者讲论。王阳明倡导的讲会定有会约，对讲会的宗旨、时间、内容、组织、形式、经费等都有明确规定，其组织形式与近代的学会相似。讲会成为学人交流学术思想的场所，也是文人骚客定期会友的场所，还是人才培养的主要形式。王阳明书院的讲会制度，标志着书院心学教学的制度化。

除了政治、科举等因素影响外，王阳明以书院讲会的形式传播学术思想，极大地推动了王阳明心学的发展，并形成了以阳明心学理论为核心的姚江学派。

正德十六年和嘉靖四年，王阳明分别讲学于余姚龙泉寺的中天阁，作《书中天阁勉诸生》文，创“姚江学派”。据钱德洪记载，王阳明“定会于余姚龙泉寺之中天阁，每月以朔、望、初八、廿三为期”。王阳明还为学生订立学规《书中天阁勉诸生》一文，亲自书于墙壁上：“虽有天下易生之物，一日暴之，十日寒之，未有能生者也。承诺君子不鄙，每予来归，咸集于此，以问学为事，甚盛意也。然不能旬日之留，而旬日之间，又不过三四会。一别之后，辄复离群索居，不相见者动经年岁。然则岂惟十日之寒而已乎？若是而求萌蘖之畅茂条达，不可得矣。故予切望诸君勿以予之去留为聚散。或五六日、八九日，虽有俗事相妨，亦须破冗一会于此。务在诱掖奖劝，砥砺切磋，使道德仁义之习日亲日近，则世利纷华之染亦日远日疏，所谓‘相观而善，百工居以成其事’者也。相会之时，尤须虚心逊志，相亲相敬。大抵朋友之交以相下为益。或议论未合，要在从容涵育，相感以诚，不得动气求胜，长傲遂非。务在默而成之，不言而信。其或矜己之长，攻人之短，粗心浮气，矫以沽名，讦以为直，扶胜心而行愤嫉，以圮族败群为志，则虽日讲时习于此，亦无益矣。诸君念之念之！”这段话很清楚地说明了王阳明书院的讲会要旨和规则。王阳明推广的“讲会”教学方式成为当时书院教学的特色，而该讲会也逐渐发展成为“姚江学派”的学术交流中心，讲会之地也改在姚江书院。王阳明及其门人将这一讲会的要旨和规则传播到了全国各地，各地书院也都建立起讲会制度，先后形成了浙中王学、泰州王学等八派。

姚江学派的分支

支派名称	中心地域	代表人物
浙中派	浙江余姚（绍兴）	王畿、钱德洪
江右派	江西	聂豹、徐阶
南中派	江苏南部	戚贤、朱得之

（续表）

支派名称	中心地域	代表人物
楚中派	湖南常德	蒋信、冀元亨
北方派	河南、山东	孟秋
粤闽派	广东、福建	方献夫、薛侃
泰州派	江苏泰州	王艮
黔中派	贵州贵阳	席书、胡尧时

历史地看，姚江学派的八大分支流派，风采各异，使得阳明心学思想广布，蔚为壮观。

第五章

开宗立派　薪火相传

湛甘泉和王阳明书院讲学，各立门户，是明代心学极具影响的两位重要人物。湛甘泉以“随处体认天理”为宗旨，创立甘泉学派。王阳明以“致良知”为宗旨，创立阳明学派。平实而论，甘泉学派和阳明学派的诞生及其衍变，是儒家思想继宋代理学之后又一高峰。

一、弟子四千　二业合一

湛甘泉讲学另辟蹊径，他和王阳明一起推动着嘉靖年间的讲学风气走向高潮，也由此拉开了甘泉学派的序幕，成为与王阳明分庭抗礼的明代心学大宗。湛甘泉对书院讲学情有独钟，正如嘉靖著名学者田汝成所说：“我增城湛子，天民之先觉。其道以自然为宗，其教以随处体认天理，其功以勿助勿忘为度，合内外兼精，一循之有序，而会自己有本，足以阐圣学而开迷途。是以随所戾止。而白下、青阳、江都、宜兴、南海、曲江、斗山、天泉、罗浮大方名壤，率有精舍以寄行踪。”（《武夷山甘泉精舍记》）晚明史学家焦竑在《南京兵部尚书湛公甘泉传》一文说湛甘泉“平生志笃而力勤，无处不授徒，无日不讲学，从游者殆遍天下”。的确如此，湛甘泉一生讲学遍及岭南、江南和武夷山，先后创办书院35所，天下士子纷纷投入其门，从学者多达四千人。湛甘泉的学说，在当时与王阳明的学说并称为“湛王之学”。

从学者多达四千人的说法源自湛甘泉的得意弟子洪垣所言：“合天下之

士，出其门者四千人。”（《泉翁大全集·湛甘泉先生墓志铭》）。从学者何以有如此之多，笔者以为应该包括了“弟子”和“门生”两类。依据欧阳修的定义：“其亲授业者为弟子，转相传授者为门生。”也就是说，“弟子”是指当面亲聆老师教诲的从学者，亦称门人、生徒，而“门生”的范围则要广泛许多，再传弟子可算是门生，科考及第者对主考官同样也可自称门生。湛甘泉担任过正德三年戊辰（1508）的会试同考试官，也曾任南京国子监祭酒，可以推测他的门下应该有些科考及第者自称门生的，譬如著名学者吕柟，即是湛甘泉担任会试考官时被选拔出的状元。正是基于这个缘故，吕柟经常自称为湛甘泉的门生。退一步来说，就算他的从学者包含了再传弟子及自称门生的科考及第者，如此庞大的数量，在有明一代也不是王阳明所能相比的，更非其他人所能及。

笔者根据《泉翁大全集》、与湛甘泉有关人士的文集以及地方史志等文献，检索出湛甘泉的学生有640人，具体情况参见本书的附录二“湛甘泉弟子知见录”。

从“湛甘泉弟子知见录”中可以看出湛甘泉弟子不仅遍及岭南，而且还来自全国各地，主要是长江中下游地区。在众多的甘泉弟子中，被黄宗羲列入《明儒学案·甘泉学案》的有吕怀、何迁、洪垣、唐枢、蔡汝南、许孚远、冯从吾、唐伯元、杨时乔、王道等10人，其中的佼佼者当推洪垣、吕怀、何迁、唐枢四人，诚如《四库全书总目》卷九十“觉山史说二卷”所言：“湛氏门人最著者，永丰吕怀、德安何迁、婺源洪垣、德安唐枢。”于此，就湛甘泉这四大入室弟子作一简介，一窥甘泉学派的思想风采。

吕怀（1492—1573），字汝德，又字汝愚，号巾石，永丰（今江西广丰）人，嘉靖十一年壬辰（1532）进士，官至南京太仆少卿，撰有《律吕古义》《历考》等书。

吕怀在南京国子监求学时，就拜师湛甘泉，认同湛甘泉“随处体认天理”的为学宗旨。他说：

“不睹不闻即吾心本来中正之体，无生无弗生，无存无弗存。苟有丝毫人力，便是意必固我，而生存之理息矣。故君子戒慎恐惧，常令惺

> 惺，便是生存之法。”（《明儒学案·答戚南山》）
>
> “天命之中，无不包贯，此吾心本体也。此心同，此理同，其为包贯亦无弗同。流行神理，岂有丰啬厚薄哉？惟其流行而既形焉，于是二气分，五行判，交错不齐，而理之神有不能尽然者矣。阴阳五行，适得其初则中，中则心存，心存则本体洞然而无所障蔽。”（《明儒学案·与蒋道林》）

他认为“心”与“理”是贯通的，这个中正之体“心”“理”在天地之间，也在人心之中，二者是同一的。这一表述显然是继承了湛甘泉所强调的体认的是吾心中正之体，工夫越洒落，本体越呈露的融合程朱理学的心学路径。

吕怀将王阳明的“致良知”和湛甘泉的“随处体认天理”进行比较，主张修养功夫的重心旨在变化气质：

> “千言万语，除却变化气质，更无别勾当也。”（《明儒学案·复黄损斋》）
>
> “天理良知，不同宗旨，识得原因着脚，则千蹊万径，皆可入国。徒徇意见，不惟二先生之说不能相通，古人千门万户，安所适从？今即便于良知天理之外，更立一方亦得。然无用如此。故但就中指出一通融枢要，只在变化气质。学问不从这上着脚，凭说格致、说戒惧、说求仁集义，与夫致良知、体认天理，要之只是虚弄精神，功夫都无着落。”（《明儒学案·答叶德和》）

指出湛甘泉和王阳明的思想分歧虽然在于“随处体认天理”和“致良知”，代表了明代心学内部两条不同的思想路线，但实际上两者殊途同归，在修养工夫上都十分重视变化气质。拿这一点来归纳乃师湛甘泉和王阳明的思想异同，也不无大碍。其实，吕怀的变化气质之说是照着湛甘泉的思路往下说，并无什么新意。总体来看，吕怀之于湛甘泉是继承有余而创新不足。

何迁（1501—1574），字益之，号吉阳。德安（今湖北安陆）人。嘉靖二十年辛丑（1541）进士。历任户部主事、九江知府，以太常卿巡抚江西，官至南京刑部侍郎。受业于湛甘泉，但不墨守师说，他的学说介于王守仁与湛若水两家之间而另立新义。他创建书院于吉阳山下，学者称之为“吉阳先生”。

何迁喜好《大学》《中庸》《论语》《孟子》“四书”之学，尤其酷爱《大学》一书。他力倡“知止”的学术宗旨，并对此作了精辟的论述：

> “道有本末，学有先后，《大学》教人，以‘知止’为先，而后定静安虑由之。知止而后能定静安虑者，致知以格物也；是定静安虑而后能得者，物格而后知至也。是故知止之义，虽高明之士，有不能舍之以径趋者。”（《明儒学案·赠沧守胡子序》）

何迁所谓的“知止”，意即《大学》所讲的“止于至善”。在何迁看来，“止”是本体，“知”是功夫。他这样解释道：

> “止者，此心感应之机，其明不假思，而其则不可乱，善而无善，所谓至善也。有所不止焉，思以乱之，非其本体也。是故圣人亟指之，而欲以其知及之。信其本无不止之体，而究其有所不止之由，即应感之间，察流行之主，使所谓不思而明、有则而不可乱者，卓然见于澄汰廓清之余，而立于齐庄凝聚之地，是则知止之义。”（《明儒学案·赠沧守胡子序》）

“止”是指涵养工夫臻于纯熟时，心对外物的感应则自然合于天理。“止”的表征是不思而得，顺其自然。而“知”则是主体求得与“止”本体为一的过程与目的。主体求得的工夫有两个方面，一方面是“信其本无不止之体”，也即陆九渊所言的“先立其大”；另一方面是“究其所不止之由”，即陆九渊所讲的用“学问思辨行”去革除对于本心的蒙蔽，从而达到严肃诚敬的境界，这就是“知止”的思想内涵。

何迁所阐发的“知止”这一范畴义理，在一定程度上吸收了湛甘泉“随处体认天理”的思想成果，有助于纠正阳明后学束书不观、空谈心性的流弊。湛甘泉曾说："格物即止至善也，圣贤非有二事，自意心身至家国天下，无非随时体认天理，体认天理，即格物也。"（《明儒学案·答王宜学》）这里讲到的"随处体认天理"中"体认"即"止"，即到达。"体认天理"就是"止于天理"，达到天理，也就是湛甘泉一再解释的"格即造诣""格物即造道"之义。

相对于吕怀，何迁发展湛甘泉思想的广度和深度要丰富一些。

唐枢（1497—1574），字惟中，号一庵，学者称之一庵先生，归安（今浙江湖州）人。嘉靖五年丙戌（1526）进士，官至刑部主事。因上疏弹劾权贵触怒明世宗，被削职为民而回家乡从教。他先借安定书院讲学，后在湖州东门外营治"木钟台"，设帐讲学。嘉靖四十一年壬戌（1562），湖州知府张邦彦奉巡抚浙江监察御史张宪之意，为唐枢建立书院，额题"吴兴唐一庵书院"，唐枢在此讲学十几年直到辞世。唐枢的为学宗旨可用"讨真心"三个字加以概括，"真心"即"道心"，"讨"就是学问、思辨并身体力行。著有《木钟台集》，编有《嘉靖归安县志》《嘉靖乌程县志》《嘉靖孝丰县志》《万历湖州府志》等。

唐枢少时学于湛甘泉，是湛甘泉的入室弟子。他的"讨真心"为学宗旨，深得湛甘泉"随处体认天理"的要义，并与王阳明"致良知"的思想十分相近。唐枢在讨论"讨真心"时，这样解释道：

> "真心是人实有之心，实有之心，乃天地生人之根底，亘古今不变，不着一物，是谓'中者天下之大本'。人孰无心？只因随情逐物生心，非天地大中之本心，不得为事物之主。必寻讨精详，辨其真而用之。不帮补外求，亦不索之玄妙无影，自然举仓天则，拟议以成变化。"（《明儒学案·真心图说》）

唐枢循沿湛甘泉《心性图说》的思想脉络，试图用自己的"讨真心"说来阐发湛甘泉、王阳明的两家宗旨。从思想渊源上来讲，"真心"发自王阳明的"良知"，而"讨"发自湛甘泉的"随处体认天理"。唐枢坦承："己真心即是良知"，但良知不能不蔽于物，不能不失其本心，所以必须运用"讨"

的工夫。而“讨”的工夫即在于涤除良知的蒙蔽，绝非是拿外来之道德法则去填补心的灵明。所谓“寻讨精详”，意即对心中所产生的意念进行真假辨析，以求其合于中正的本体。唐枢所讲的“寻讨”即湛甘泉所谓的“体认”。唐枢说：

“心一也，曷言乎真之与假也，心得其心之体为真，有所因而动，则受病而为假。体病则用必不当，然而从其中以令五官百骸，则其东始不为心也。”（《明儒学案·真心图说》）

唐枢的“讨真心”，糅合湛甘泉“随处体认天理”之“心得其心之体”和王阳明的“致良知”两家宗旨，其中也不乏纠正王湛后学的流弊意图，正如黄宗羲对唐枢给出的评价中指出：“夫真心者，即虞廷所谓道心也。曰讨者，学问思辨行之功。即虞廷之所谓精一也。随处体认天理，其旨该矣，而学者或味于反身寻讨。致良知，其旨得也，而学者或失于直任灵明，此讨真心之言不得已而立。”（《明儒学案·甘泉学案四》）这一评价确为不刊之论。

唐枢“讨真心”这种价值导向与湛甘泉一脉相承，并且其经由再传弟子许孚远而开出刘宗周一脉，显得尤其可贵。许孚远字孟仲，号敬庵，是湛甘泉门下唐枢一系的弟子。许孚远为学以“克己”为要，刘宗周受许孚远影响很大。

在所有的弟子中，湛甘泉对洪垣最为欣赏。在增城，湛甘泉特意建造二妙楼供洪垣居住，并公开表示：洪垣是“可传吾钓台风月者”，将洪垣作为自己学说的衣钵传人。洪垣也没辜负乃师的器重，写了很多关于湛甘泉生平事迹和学行的诗歌、书信、序、跋、记及论文。

洪垣（1507—1593），字峻之，号觉山，南直隶婺源（今江西婺源）人。嘉靖十一年壬辰（1532）进士，历官永康知县，温州知府。著作有《易说》《史说》《闻言》《应迹言》《周易玩辞》《理学要录诸言》《觉山史说》等，编有《泉翁大全集》《甘泉先生续编大全》等。

湛甘泉任礼部侍郎在京师讲学时，洪垣便受业于湛甘泉。洪垣从学湛甘泉20多年，继承了乃师“随处体认天理”的宗旨，并强调“体认天理，是不离根之体认”（《明儒学案·理学闻言》），兼采王阳明的心学思想，强调格物致知、博文约礼，发展出以生意为心学归宿的生机之学。他晚年融佛道入儒，追求心体的超越，又自甘于偏僻山村，故其心学思想不得传人。其心性工夫论脱离程朱主静或主敬，走入顿悟一系，最终与佛禅“明觉”思想合流，这标志着白沙—甘泉一系自然主义心学的终结。

除这些弟子之外，湛甘泉还有不少出色的弟子，如《西樵游览记》所记载的：1. 郭肇乾，广东南海人，后主四峰书院；2. 霍敦，广东南海人；3. 霍杰，广东南海人，霍韬之弟；4. 冼桂奇，广东南海人，进士，任南京刑部主事；5. 伦以诜，广东南海人，进士，授礼部主事、南京兵部郎中；6. 郭棐，广东南海人，进士，授户部主事、夔州知府、光禄寺卿；7. 庞嵩，广东南海人，举人，顺天府通判；8. 甘学，广东番禺人；9. 陈谟，广东顺德人；10. 杨鸾，广东海阳人；11. 周学心，广东顺德人；12. 钟景星，广东东莞人；13. 蒋信，湖南常德人；14. 方瓘，南直隶婺源人。

在此，值得一提的还有一人，即方瓘。方瓘的最大贡献是创办三山六县会。三山指福山、斗山和黄山，六县即徽州府六县。湛甘泉在祭方瓘文中说：“子倡三山六县会辅仁，洪置田，予亦少助。”（《甘泉先生续编大全·奠徽州方时素文》）当时徽州府密布着大大小小的讲会，讲会形式有院会、坊乡之会、邑中之会、六邑大会、四郡大会等多种形式，而三山六县会表达出了最早的“六邑大会”的概念。后来，谢显在嘉靖二十九年庚戌（1550）创办的新安六邑大会将“六邑大会”的概念付诸实践。正是因为这些弟子始终不渝地坚持甘泉的学术思想，并将它发扬光大，才使得甘泉学说与阳明学说并驾齐驱，在当时的学术界产生了极大的影响。

湛甘泉在55年的从教生中，经常要面对德业和举业的问题。所谓“德业”问题，主要是指治学修养问题。而所谓“举业”，主要是指科举考试问题。湛甘泉所处的明代中期社会，不少人或沉溺于科举考试而漠视治学修养，或潜心于治学修养而摒弃科举考试。湛甘泉认为这两种做法都是不可取的。他把治学修养与科举考试二者结合一起，称之为“二业合一”。

湛甘泉认为德业和举业两者相辅相成，相得益彰。如果“志于德业，则读书也精，涵养也熟，于义理也明；故其辞畅，其指达，其发于文，皆吾自得之实事”（《泉翁大全集·二业合一训》），这样就大大有助于科举考试的成功。相反的话，如果立志于德业，却不认真读书，并拒绝科举考试，就会失去一条实现治国平天下的政治抱负的路径。依照湛甘泉的意见，科举考试好比“饮食男女之类”，是不可废的，只要处理得当，德业完全有助于举业。更重要的是，“今之科举，其圣代之制矣，志学之士有不遵习焉，是生今反古也，生今反古者非天理也，虽孔孟复生亦必由此而出矣，虽孔孟教人亦不外此而求之矣”。科举制度已经成为士人实现人生价值的必由之路。即使孔孟在世，也是会参加科举考试的。因此，他告诫他的学生：“诸生其慎勿以举业、德业爲二矣乎！”不要人为地将举业和德业对立起来，而要把二者有机地结合为一体。用他自己的话讲，就是“夫德业举业，二业而致一者也”，“进德修业，其致一已，即业、即德，而致力焉”，所以“涵养习业非二事”。他认为，人们在这两者关系中处理不好，并非科举制度的过错，“非举业之害道也，人之自累于举业者之为害也”。

在湛甘泉看来，德业与举业的关系如同知与行、才与德、文与武、义与利的关系。德才合一、知行合一、义利合一，当然德业和举业自然也是合一的。这正如宇宙里的一切事物都是对立而统一的，如果把一支离为二，整个宇宙就无法运转了。他强调说：

> “夫知与行二，即非真知行矣。才与德二，即非全人矣。文与武二，世无全材矣。兵与农二，则世无善法矣。夫子之文章与性道二，则世不知圣学矣。心与事物二，则圣学不明不行矣。良可叹哉！”（《泉翁大全集·二业合一训》）

德业和举业之所以“合一”，好比树根和枝叶的互相依存，但树根尤为基础，“由本根以达于树叶”，“自涵养以达其文辞”，它们都是一体贯通的。所以，“惟欲人读书焉、作文焉，不失本体，就根本之中，发其枝叶耳”，同理而推知，“读书以明心性，体贴此实事，根乾枝叶花实自然成就，而举业在其中，此义之谓也。若读书徒事记诵为举业之资，以取科第爵禄，便是计功谋利之心，其大本已失，此利之谓也。”（《泉翁大全集·二

业合一训》）

湛甘泉汲汲于书院教育，不单自己投身于科举考试，还积极鼓励他的学生参加科举考试，并培养出四千弟子，如此庞大的人才数量，其背后的思想力量就是他的“二业合一”论。

二、随才成就　各具风采

王阳明和湛甘泉同时讲学，但他以其独特的会讲方式宣扬“致良知”，使得阳明学派异军突起，并很快风靡整个思想界。

讲会是一种以探讨辩难的方式而进行学术活动的组织，或论辩发挥一家学派的思想，或辩析争论不同学派的主张，并不一定在书院中举行，而且影响也往往超出书院的范围。王阳明创建的阳明学派遵循“君子以文会友，以友辅仁”（《论语・颜渊》）的讲会原则，求同存异，在全国造成很大的影响。

阳明学派支派众多，人才济济。这种现象的背后，实与王阳明的“随才成就”的教育理念分不开。王阳明说：

> “与人论学亦须随人分限所及。如树有这些萌芽，只把这些水去灌溉。萌芽再长，便又加水，自拱把以至合抱，灌溉之功皆是随其分限所及。若些小萌芽，有一桶水在，便浸坏他了。”（《传习录下》）

“论学”的“随人分限所及”，即量力“论学”，是根据人的智力发展程度进行学习和教育，相当于今天的可接受性的教育原则。如树从萌芽长到合抱大树，要根据生长情况，适时适量进行灌溉，才有利于树的成长。同样，教授知识也要循序渐进，留有余地，如教小孩子洒扫应对，向师长作揖致敬等，这便是“童子的格物致知”，因为“童子良知只到此”。王阳明说：

> “我这里言格物，自童子以至圣人皆是此等工夫。……如此格物，虽卖柴人亦是做得。虽公卿大夫以至天子皆是如此做。”（《传习录下》）

就是说，从童子到圣贤，从卖柴人到天子，都可以根据自己的情况作格物致知的工夫。王阳明的“随才成就”也包含有“教学相长”的思想。“教学相长”最早由《礼记·学记》提出，但《学记》是从自我修养与自强修业方面提出来的教学相长关系。王阳明继承了这一思想，同时赋予“教学相长”以师生人际关系方面的新的含义。《传习录下》有一段记载：

> “王汝中、省曾侍坐。先生握扇，命曰：‘你们用扇！’省曾起对曰：‘不敢！’先生曰：‘圣人之学不是这等捆缚苦楚的，不是汝做道学的模样。’汝中曰：‘观仲尼与曾点言志一章略见。’先生曰：‘然。以此章观之，圣人何等宽洪包含气象！……设在伊川或斥骂起来了。圣人乃复称许他（指曾点），何等气象！圣人教人不是个束缚他通做一般，只知狂者便从狂处成就他，狷者便狷处成就他。人之才气如何同得？’”

这段话包含以下几层意思：一是人之才气有别，要善于随才成就人；二是教育不是束缚人，给人以苦楚，而是要像孔子那样引导人在学习中自得其乐，因为“乐是心之本体”（《王阳明全集·与黄勉之》）；三是要培养一种比较平等的、互相信任的师生关系，不能伪装道学的模样，也不要拿一个圣人架势去与人讲学，叫人害怕，“须做个愚夫愚妇，方可与人讲学”。（《传习录下》）作为一个教师，王阳明本人也确实比较能因材施教，循循善诱，并在他的书院中培养了一种比较融洽而少拘束的师友关系，使学生在弦歌诵读声中，感到“无厌苦之患，有自得之美”，于是比较能自觉自愿地接受教育，从而也使王阳明的心学影响日益扩大，成为风行全国的学派。

王阳明本着“随才成就”的教育理念，以讲学的形式培养大批弟子，数量虽然不及湛甘泉，但影响力却胜于湛甘泉。黄宗羲按照师承地域把阳明后学大致分为浙中、江右、南中、楚中、北方、粤闽、泰州七大流派。这些流派大抵上以王阳明的某种倾向性意见，或者在某一特定条件下所讲的概念、命题为根据，自我发挥而各具风采。其中尤以“浙中学派”的王畿和钱德洪、“泰州学派”的王艮以及“江右学派”的邹守益、聂豹和罗洪先为突出代表。他们认为即使不是读书人的平民百姓也可以成为圣贤，提出情欲可亲，充分肯定情欲的合理性，强调学术自由，这种主张深刻地影响了明代中晚期的启蒙思潮。

这里着重介绍王畿这位王阳明门下极具个性的弟子，一睹阳明后学的思想风采。

王畿（1498—1583），字汝中，号龙溪，山阴（今浙江绍兴）人。年轻时豪迈不羁。嘉靖二年癸未（1523），因试礼部进士不第，返乡受业于王阳明。嘉靖十三年甲午（1534）进士，历官南京兵部主事、南京武选郎中。协助王阳明指导后学，有“教授师”之称，是为王阳明最赏识的弟子之一。著有《王龙溪先生全集》。

王畿被罢官后，在江、浙、闽、越等地讲学40余年。所到之处，听者云集，年过80仍周游不倦。认为良知是当下现成，不假功夫修正。知识与良知有别，知识不是良知，但在良知的作用下可以变为良知。他在王阳明门下不到5年，就提出了自己的“四无”说，创造性地修正了王阳明的四句教：

> “盖无心之心则藏密，无意之意则应圆，无知之知则体寂，无物之物则用神。天命之性粹然至善，神感神应，其机自不容己，无善可名。恶固本无，善亦不可得儿有也。是谓无善无恶。”（《王龙溪先生全集》卷一）

认为四无是心体，而心、意、知、物只是一事，如果悟得心是无善无恶之心，则意、知、物皆无善无恶。主张从先天心体上立根，自称这是先天正心之学。王畿的先天正心之学，主要吸纳了王阳明的正面工夫，以良知为先天本有，后天工夫只是保任此良知本体，使良知随处充满。强调为学要破除对权威经典的迷信和依赖，即使《论语》也可不放在眼里：“一部《论语》，为未悟者说。……若为明眼人说，即成剩语，非立教之旨矣。”（《王龙溪先生全集》卷七）希望造就出不为名教羁绊、有独立意志的“大豪杰”理想人格。

在王阳明去世后，其弟子心学教育演进的路数大致有两条：一条是遵循龙场悟道之后的“视听言动大率以收敛为主”的进路；另一条就是发展居越讲学之后的“开口即得本心，更无假借凑泊”的进路。后一条的首创者就是王畿。王畿信从王阳明的“狂者胸次”，厌恶世俗乡愿习气。他说：“学须自证自悟，不从人脚跟转，若执着师门权法以为定本，未免滞于言诠，非善学也。”《王龙溪先生全集》卷一）倡导以自己心中自然流出的真性情做主宰，率性而为，使万缘放下，让意念不起，化现成良知性体为工夫。对这种“径任良知，放手行去”的教育路径，湛甘泉不以为然。他说：

> “良知不由学虑而能，天然自有之知也。今趋先生之门者，皆曰良知无事学虑，任其意智而为之，其知已入不良，莫之觉矣，犹可谓之良知乎？所谓致知者，推及本然之知，功至密也。今游先生门者，乃云只依良知，无非至道，而致之之功，全不言及。至有纵情恣肆，尚自信为良知者。立教宗旨，果如是乎？”（《明儒学案·浙中王门学案一·会语》）

在湛甘泉看来，以王畿为代表的阳明后学所谓教，所谓学，都比较忽视后天的社会实践工夫，而且在理论上还存有一个风险可能，即人们往往会以一己之私欲而当成是良知流行。也就是说，以王畿为代表的阳明后学没有把私欲的省察克制放置到应有的高度，这给了自然人性论打开了足够的阐释空间。伴随时代的发展，理欲之辨也会发生相应的变化。一些原先以为人欲的东西，亦会被大众流行的价值观念所肯定。像李贽等一批泰州学派学者就是在明末市场经济萌芽条件下，批判重农抑商，宣扬商贾功绩，倡导功利价值，大胆突破程朱理学“存天理，灭人欲”的传统思维模式。明末启蒙思潮的出现，在一定程度上渊源于王畿一脉的思想影响。李贽曾写《王龙溪先生告文》一文，高度称赞王畿是“圣代儒宗，人天法眼，白玉无瑕，黄金百炼”。从思想史发展的链条环节而言，王畿围绕先天和后天、正心和诚意、戒惧和自然等问题形成了自己创建的先天正心之学，进一步拓展了王阳明心学空间。但同时也给人们批评、完善王阳明心学打开了视角，恰如黄宗羲所讲的那样：“象山之后不能无慈湖，文成之后不能无龙溪，以为学术之盛衰因之。”（《明儒学案·浙中王门学案二·郎中王龙溪先生畿》）

第六章 心学双璧 与时偕行

作为岭南心学的集大成者，湛甘泉高扬人的主体精神，探索社会发展对人性平等、思想解放的时代诉求，他所建构的甘泉心学与阳明心学可并称为明代心学的双璧。王阳明更是公开宣扬“致良知”学说，强调“良知良能，愚夫愚妇与圣人同”，使心学思想既有高远理想的追求，又有脚踏实地的行动，而与时偕行，日久弥新。

一、圣凡平等 启蒙德育

人通过教育能否成圣为贤，是摆在所有思想家、教育家面前的核心问题，湛甘泉、王阳明自然也不例外。成圣为贤作为儒家教育哲学中涉及理想人格的基本范畴，它逻辑地关联着人性论问题。二人基于时代的需要，对此分别作出自己的思考和回答。

人性与教育两者相互依存，教育因人性而作功，人性因教育而成善。就人性的发展和教育的旨趣来说，人性与教育在本质上具有高度一致的贯通性，它们是成就理想人格必不可少的两个基本条件。人性提供了趋善的可能性，教育则使这种可能的善变为现实的善，即所谓待教而成。如果缺乏必要的基本教育，一个人要成为德才兼备的社会栋梁是难以想象的。湛甘泉认为人只有接受教育，并积极修养自我，方可成就理想人格。

湛甘泉循沿孟子的“性善论”观点，肯定人具有善良的本质，“善者，吾性之本也。”（《圣学格物通·审几下》）这种善良的本质是人人共同具有的本性。但湛甘泉所持的性善论并不是肯定每个人都具有现实的善，而是强调每个人都具有一种可能为善的本性。换言之，天赋的人性是一种可能的善，是善的本源。湛甘泉人性本善的价值判断，在一定意义上表现出以人本主义的立场对人类原初平等的积极肯定。它不仅为建构心灵净化的人际关系提供了内在的理论依据，而且为道德教育的可能性寻找了一个主体自身的根源。

在断定人性本善的前提下，湛甘泉认为“心”“性”是一个东西，即“心性非二”。他说：

> “性也者，心之生理也，心性非二也。”（《泉翁大全集·心性图说》）

为了说明仁义礼智根植于人的心性，道德并非外部的灌输和强制，而是主体对自我本性的自觉和扩充，是人自身存心养性的结果，湛甘泉把人的心性分为“初心”和“习心”两个部分，希望每个人不忘“初心”，不断增强道德修养的自觉。

> “人心一念萌动，即是初心，无有不善。如《孟子》‘乍见孺子将入于井便有怵惕恻隐之心’，乍见处亦是初心复时也。人之良心何尝不在，特于初动时见耳。若到‘纳交要誉’‘恶其声’时，便不是本来初心了。”（《泉翁大全集·新泉问辩录》）
>
> “认得本体，便知习心，习心去而本体完全矣。不是将本体来换了习心，本体元自在，习心蔽之，故若不见耳。”（《泉翁大全集·新泉问辩录》）

“初心”是人性中原初的部分，是至善的，是人之“良心所在”；而“习心”不是人的先天之心，是指受物欲蒙蔽、环境习染的后天经验之心，它可能变善，也可能为恶。湛甘泉对人性的二分法，有其突出的积极价值：一方面是对单一的“性善”或“性恶”学说的深化，另一方面就是为人的教育存在的必要性提供了强有力的理论依据。人之“初心”仅是一种善端，所以要依靠教育来保存和扩充，使其获得长足发展；人之“习心”有善有不善，更需要以理性的认识对其加以制约、改造，引导人们向善。湛甘泉坚信，只要涵养“初心”，变化“习心”，每个人都能成为尧舜那样的圣贤。他说：

“圣贤之进德业在虚而已，故小贤则小虚，大贤则大虚，少有未虚。……虚则能受益则光大矣。德业有不崇乎？是故君子之学，故当虚其心以为进德之地。欲致其虚者，非深见道体之无穷则亦不能强也。”（《圣学格物通·进德业二》）

所谓“虚其心”，是说如果碰到疑惑，众说纷纭，一时难以决定取舍，则应客观静心，谨慎对待。勇于虚心涵泳，就一定可成就圣贤般的德性。

相形于湛甘泉，王阳明在讨论圣贤观和人性论的过程中，始终是以他的“致良知”学说为依据的。他说：

“良知良能，愚夫愚妇与圣人同。但惟圣人能致其良知，而愚夫愚妇不能致。此圣愚之所由分也。”（《传习录中·答顾东桥书》）

文中所谓“愚夫愚妇”，意指普通百姓。王阳明认为，他们和圣人同样具有良知良能。但只有圣人才能致良知，而普通百姓却不能致良知。王阳明这样解释道：

“心之良知是谓圣。圣人之学，惟是致此良知而已。自然而致之者，圣人也；勉而致之者，贤人也；自蔽自昧而不肯致之者，愚不肖者也。愚不肖者，虽其蔽昧之极，良知又未尝不存也。苟能致之，即与圣人无异矣。此良知所以为圣愚之同具，而人皆可以为尧舜者，以此也。”（《王阳明全集·书魏师孟卷》）

人心中的良知便是圣。圣人之所以成圣，就是因为能致其良知。自然而然致良知的是圣人；勉强而致良知的是贤人；自己蒙蔽愚昧而不肯致良知的人，是愚笨而不贤的人。虽然他们蒙昧到极点，但良知却不是不曾存在的。如果能涵养和体用良知，则与圣人相差无几。

在人性问题上，王阳明阐发了“性无不善，穷理以尽性”的观点。他继承孔子“性相近，习相远”和孟子“性善”的人性观，作出进一步的发挥：

> “夫子说‘性相近’，即孟子说‘性善’，不可专在气质上说，若说气质，如刚与柔对，如何相近得？惟性善则同耳。人生初时，善原是同的。但刚的习于善则为刚善，习于恶则为刚恶；柔的习于善则为柔善，习于恶则为柔恶，便日相远了。”（《传习录下》）

孔子谈论人性最具代表性的话就是：“性相近也，习相远也。”（《论语·阳货》）这里所谓的“性”为生性，意指人先天具有的自然本性，“习”为习性，意指后天获得的社会属性。从孔子这两句话可以看出，孔子主张人与生俱来的自然本性是相差无几的，而后天发展出来的社会属性则差别甚大。质言之，人之所以会出现千差万别的特征，完全是由“习”造成的，也就是人所处的生活环境和习俗导致的，特别是源自不同形态的教育因素造成的。孔子本人未对人性的善恶作出明确判别，孟子则倡言“性善”论。而王阳明结合他的“致良知”的心学理论，认同孔子“相近”之生性和孟子的性善说，得出“性善则同耳”的结论。因此，他明确断言：“至善者性也。性元无一毫之恶，故曰至善。”（《传习录上》）认为至善是人的天性，天性原本没有一点恶。很显然，王阳明主张人的自然本性是善的。由此可见，他是一个典型的性善论者。

王阳明主张人性本善，旨在把人性与人欲区分开来，认为教育的目的是去人欲，恢复人的本性，“夫教，以复其性而已。”（《王阳明全集·别王纯甫序》）从教育的视角来审视，王阳明十分重视教育对于人性发展的作用。人生来便具有向善的潜能，成就圣贤的可能性，“人性皆善，中和是人原有的，岂可谓无？”（《传习录上》）

在王阳明看来，圣人与普通百姓的自然本性是一样的。因此，每一个人应该振作精神，自作主宰，充分发挥自己的潜能，以达圣贤之境。他说：

> “自己良知，原与圣人一般。若体认得自己良知明白，即圣人气象不在圣人而在我矣。”（《传习录中·启问道通书》）

希望每一个人都能坚守自己的良知，尽管良知是内在的，看不见，摸不着，难于用语言表达清楚，“不睹不闻是良知本体”，“良知本是明白，实落用功便是。不肯用功，只在语言上转说转糊涂”。（《传习录下》）良知难于靠感官直接感知，用语言也不容易表述明白，但是，只要我们踏实用功、持之以恒，便可以通过自己的行为及其结果来体悟出“良知”，从而发挥出自己的潜能。

落实在教育的思想和实践上，王阳明极为强调德性的养成。他认为，只知从知识上着力而不知从德性上着力，“徒弊精竭力，从册子上钻研，名物上考察，形迹上比拟，知识愈广而人欲愈滋，财力愈多而天理愈蔽。”（《传习录上》）这样一种以学问为本而以德性为末的做法对成就理想人格是徒劳无益的。所以，王阳明说：

> “吾教人致良知在各物上用工却是有根本的学问。日长进一日，愈久愈静明。世儒教人事事物物上去寻讨，却是无根的学问。”（《传习录下》）
>
> “致良知是学问大头脑，是圣人教人第一义。今云专求闻见之末，则是失却头脑而已，落在第二义矣。”（《传习录中·答欧阳崇一》）

正是基于这样的看法，王阳明指出年幼时不抓好德性培养，一旦不良行为养成，长大以后就难以改掉。

王阳明身处的明代中叶盛行的是随意责骂和殴打儿童，采取片面的灌输式教育方式，这种做法对儿童身心健康极为不利。对此，王阳明进行了无情的揭露和尖锐的批判。他说：“近世之训蒙稚者，日惟督以句读课仿，责其检束，而不知导之以礼；求其聪明，而不知养之以善。鞭挞绳缚，若待拘囚。彼视学舍如囹狱而不肯入，视师长如寇仇而不欲见，窥避掩复以遂其嬉游，设诈饰诡以肆其顽鄙，偷薄庸劣，日趋下流。”（《传习录中·答欧阳崇一》）指出当时从事儿童教育的老师，每天只是督促儿童进行句读和考试作文，责罚他们，却不知道用礼义去引导他们；想使他们聪明，但不知道怎样用善来培养他们。对待他们就如同对待囚犯一样，只知道绑着鞭打。这样，儿童自然就把学校看成监狱而不愿上学，把老师看作仇敌而不愿相见。于是，这些儿童便躲避上课，逃学去游戏玩耍，而为了玩耍嬉戏，他们不惜说谎捣乱。长此以往，这些儿童就会变得庸俗轻薄，低级下流。

透过这段描述，可以看出王阳明对“惟督以句读课仿，责其检束”的教学方式是持坚决否定态度的，而对“鞭挞绳缚，若待拘囚”的体罚手段是十分厌恶的。可以说，王阳明对当时的严重摧残儿童身心的不良教育思想及做法所展示的揭露和批判，不但入木三分，而且令人深思。

王阳明抓住儿童“乐嬉游而惮拘检”的心理特点，主张实行“趋向鼓舞，中心喜悦”的快乐教育。

这种“趋向鼓舞，中心喜悦”的快乐儿童教育，与传统“鞭挞绳缚”“训斥检束”等痛苦儿童教育不同的是，不是采用“督”“责”“罚”的教育方式，而是采用“诱”“导”“讽”“询”的教育方式。“诱”——诱之以歌诗，“导”——导之以习礼，“讽”——讽之以读书，“询”——询之以德行。这种教育，能够使儿童如沐春风，心中充满快乐，从而顺利成长。正如王阳明自己所言：“大抵童子之情，乐嬉游而惮拘检，如草木之始萌芽，舒畅之则条达，摧挠之则衰萎。今教童子，必使其趋向鼓舞，中心喜悦，则其进自不能已。譬之时雨春风，霑被卉木，莫不萌动发越，自然日长月化。若冰霜剥落，则生意萧索，日久枯槁矣。”（《王阳明全集·训蒙大意示教读刘伯颂等》）

在王阳明看来，儿童的性情总是爱好嬉游，而厌恶拘束，就像草木开始萌芽，让它舒畅地生长就能迅速发育，而对它摧残压抑，草木就会萧索衰萎。所以，教育必须“常存童子之心”，顺应儿童的身心发展特点，使他们“趋向鼓舞”“中心喜悦”“乐习不倦”。这样儿童自然就能不断长进，就好比时雨春风滋润草木一样，日长月化，生意盎然。

王阳明为儿童教育设计的课程包括“歌诗”“习礼”“读书”“考德”四类，实施情感、礼仪、知识、德行四位一体教育。

一方面，他认为这四类课程分别具有“发其志意”“肃其威仪”“开其知觉”“教以人伦”即陶冶其意志情感、养成其礼仪规范、开启其知识智慧和训练其道德行为的作用。他说：“今教童子，其栽培涵养之方，则宜诱之诗歌，以发其志意；导之习礼，以肃其威仪；讽之读书，以开其知觉。”（《王阳明全集·训蒙大意示教读刘伯颂等》）

另一方面，他认为这些课程具有德、智、体、美等综合教育功能。他说：“故凡诱之歌诗者，非但发其志意而已，亦所以泄其跳号呼啸于咏歌，宣其幽抑结滞于音节也。导之习礼者，非但肃其威仪而已，亦所以周旋揖让而动荡其血脉，拜起屈伸而固束其筋骸也。讽之读书者，非但开其知觉而已，亦所以沈潜反复而存其心，抑扬讽诵以宣其志也。”（《王阳明全集·训蒙大意示教读刘伯颂等》）即是说，“诱之歌诗”不仅能激发儿童的志向，还能使他们有发泄多余精力、宣泄内心的愁闷和烦恼的机会，使他们开朗活泼起来，达到愉悦其情感的目的，实现了美育与德育的结合。“导之习礼”不但能使儿童养成一定的礼仪习惯，还能通过“周旋揖让”“拜起屈伸”等动作“动荡血脉”“固束筋骸”，达到锻炼身体、健壮体魄的功效，实现了“礼育”与体育的巧妙结合。“讽之读书”，不仅能增长儿童的知识，开发儿童的智力，还能通过“沉潜反复”“抑扬讽诵”达到“存心宣志”的功效，实现了德育与智育的结合。

此外，王阳明还专设“考德”这门课程，以训练并督察儿童在家庭和街坊中的“言行心术”，以养成良好的道德行为习惯。

王阳明认为，凡此这些课程及其教学，都是为了培养儿童的志向，陶冶他们的性情，使其在潜移默化中消除其鄙吝，净化其粗顽，时常渐染礼义而不觉其难苦，进入中庸平和状态而不知其原因。一切皆不知不觉，自然而然。“凡此皆所以顺导其志意，调理其性情，潜消其鄙吝，默化其粗顽，日使之渐于礼义而不苦其难，入于中和而不知其故。”（《王阳明全集·训蒙大意示教读刘伯颂等》）

王阳明设计了四类课程的开设顺序，并循序渐进地实行："每日工夫，先考德；次背书诵书；次习礼或作课仿；次复诵书讲书，次歌诗。"（《传习录中·教约》）

王阳明继承了孔孟以来"因材施教"的思想，用他的话说就是"随人分限"。如果说课程设置的主要依据是儿童身心发展的年龄阶段性，那么具体的教学实施就必须考虑儿童的个别差异性。他说："我辈致知，只是各随分限所及。""与人论学，亦须随人分限所及。"（《传习录下》）"随人分限所及"，就是要求教学应当顾及每个儿童的个性差异，考虑每个儿童的接受能力，量力施教。从"随人分限所及"的观点出发，他提出教学应当给儿童留下阅读和思考的余地，譬如说授书，就应做到"不在徒多，但贵精熟。量其资禀，能二百字者，止可授以一百字。常使精神力量有余，则无厌苦之患，而有自得之美。讽诵之际，务令专心一志，口诵心惟，字字句句，有细绎反复，抑扬其音节，宽虚其心意，久则义礼浃洽，聪明自日开矣"。

王阳明的儿童教育思想，虽然旨在"明人伦"，侧重养成儿童孝悌忠信、礼义廉耻等传统伦理道德的意识和行为，但他反对粗暴的体罚等不良教育手段，主张顺应儿童身心发展的年龄特征和个别差异，因材施教和量力施教，促使儿童在德育、智育、体育和美育诸方面都能够得到发展等思想主张，至今仍有启发借鉴价值。

湛甘泉、王阳明从不同的角度提出了圣凡平等，人皆可成就尧舜那样理想人格的观点。人的价值就是在同自身种种不良欲望抗争中提高和发展的，人只有在道德化的生活中才能充分彰显出人之为人的价值所在。

二、竞相争鸣　影响深远

湛甘泉、王阳明一生情谊，同倡心学，但因各守宗旨，分掌教坛，自立门户，成为明中叶最为著名的两大心学人物。

湛甘泉年高九十有五，终生奉行"随处体认天理"六字心诀，继承和发展陈白沙心学思想，是岭南心学的集大成者。他钟情书院教育，弟子遍及天下，“相从士三千九百余”（罗洪先《湛甘泉先生墓表》），成为当时的一大显要学派，即甘泉学派。

“时天下言学者，不归王阳明，则归湛若水。”黄宗羲这一评说点出了湛甘泉和王阳明二人在明中叶的思想争鸣态势。他们二人围绕格物之辩、知行之辩、内外之辩、勿忘勿助之辩以及儒释之辩，各抒己见，辩论不已，谁也说服不了谁。

湛甘泉和王阳明分掌讲坛，不相伯仲。二人思想的确异中有同，同中有异。诚如黄宗羲在《明儒学案》中所言：“先生（湛甘泉）与阳明分主教事，阳明宗旨致良知，先生宗旨随处体认天理。学者遂以良知之学，各立门户。”“良知”的确与湛甘泉“随处体认天理”说中标榜的“天理”有共同之处，却更是王阳明“致良知”说中的灵魂所在。黄宗羲的学案看法有所见，也有所弊。其所见是他认识到甘泉学派和阳明学派同属心学阵营的范畴，但其所弊是没有析出湛甘泉及其导师陈白沙的心学与阳明心学是两条不同路径的心学派别。明乎此，也就不难理解黄宗羲的困惑：“有明之学，至白沙始入精微。……至阳明而后大。两先生之学，最为相近。不知阳明后来从不说起，其故和也。”王阳明与陈白沙所处同为一个时代，却在其讲学和湛甘泉的交往中从不谈及陈白沙。从思想的分际上来看，这是由于王阳明的心学思想与陈白沙思想具有十分明显的差异。这种差异的最大表征就体现在湛甘泉的“随处体认天理”和王阳明“致良知”的为学宗旨上。也正是基于各自不同的宗旨，才引发出湛甘泉和王阳明自始至终的思想纷争。湛甘泉标榜的“随处体认天理”宗旨和王阳明的“致良知”宗旨实际上恰恰反映出明代心学自身两条不同路径的发展趋向。

湛甘泉把“气”范畴引入其心学体系，走的是内外合一的心学路径。“所谓随处体认天理，随未发已发，随动随静。盖动静皆吾心之本体，体用一原故也。如彼明镜然，其明莹光照者，其本体也。其照物与不照，任物之来去，而本体自若。心之本体，其于未发已发，或动或静，亦若是而已矣。若谓静未发为本体，而外已发而动以为言，恐亦有歧而二之之弊也。”（《泉翁大全集·答孟生津》）在湛甘泉看来，作为涵养德性的根本性工夫，“随处体认天理”含括内和外、已发和未发的道德情感和道德认知，是内与外贯通于一体的合一工夫。落实在道德实践上，“随处体认天理”即是“格物”，“格物之说，后有顿别，元来明德、新民全在止至善上用功。知止能得，即是知行合一，乃止至善之功。其古之欲明明德二节，反复推到格物上，意心身都来在格物上用功，上文知止定安即其功也。家国天下皆在内，元是一段工夫，合内外之道，更无七段八段，格物者，即至其理也。意、心、身于家国天下，随处体认天理也。”（《泉翁大全集·寄陈惟浚》）

而王阳明的“致良知”则是偏重于内在的心学路径。王阳明宣称：“吾平生讲学，只是致良知三字。”（《王阳明全集·致正宪男手墨二卷》）在阳明心学思想中，“良知”是“心之本体”。它是造天造地、成鬼成帝的“造化的精灵”，是世界的本源，它存于人的心中，是“人人之所同具者”的“天理自然明觉发见处”。虽然良知是人人之所同具者，自圣人至于愚人无有不同，但却“不能不昏蔽于物欲，故须学以去其昏蔽”。在具体的伦理境遇中，他对“良知”又做了特别的限定：“见父自然知孝，见兄自然知弟，见孺子入井自然知恻隐，此便是良知”，“良知只是个是非之心”（《传习录上》）。可见“良知”就是道德理性的判断力，“致良知”就是宋代理学家所普遍标榜的“存天理，灭人欲”。他强调：“吾心之良知，即所谓天理也，致吾心良知之天理于事事物物，则事事物物皆得其理矣”（《传习录·答顾东桥书》），因而主张“存养”“省察”心中的良知，把它推致外在的事物上，使心中的良知映射在每一事物，而让每一事物接受良知的指导。对于王阳明这样一种把良知推致于每一事物上的工夫，湛甘泉认为它是一种支离的学说，有悖于孔孟的思想精神，“岐内外本末心事而二之也，是故支离之弊生。是内而非外也，重心而略事也，犹然不悟，反谓立本，误矣。千百年来，道学不明，非此之故乎？故学者必内外、本末、心事之合一也，乃为孔孟之正脉。”（《泉翁大全集·二业合一训》）

湛甘泉之所以与王阳明有思想分歧，还由于他循沿陈白沙的心气二元论，认为宇宙是由气构成变化而来的，“万物宇宙间，浑然同一气”（《泉翁大全集·心性图说》）。就气和理的之间关系而论，湛甘泉主张理在气中，“一阴一阳之谓道，外阴阳则道不可言矣，阴阳息则无以见道矣。”

（《泉翁大全集·新论》）这样的理气观迥异于王阳明的心学思想。在王阳明心学思想那里，几乎没有“气”范畴这样的本体论讨论。所以，在湛甘泉的心学思想中所蕴含着“气”味色彩，不仅有别于王阳明的心学思想，也不同于程朱理学的气学思想，更不同有明一代罗钦顺等人的气学思想，这是湛甘泉所代表的岭南心学思想的一大特色。平实而论，王阳明从湛甘泉心学思想那里得到了不少的启发和影响。反过来，湛甘泉也从王阳明心学思想那里获益良多。正惟如此，他们才惺惺相惜，交谊一生。

其实，王阳明的“致良知”学说是针对程朱理学所造成的负面作用出现的。王阳明以“吾心良知”为“天理”，在夸大认识主体的主观能动作用的同时，充分肯定了“自我”的独立地位。他将“良知”视为普遍的人性，认为“良知之在人心，无间于圣愚，天下古今之所同也”（《传习录下》），提出在“良知”面前，人人平等。因此，王阳明提出“学贵得之于心”，强调“求六经之实于吾心”时，学风也必然会由“我注六经”转向“六经注我”。阳明心学的这些积极因素诱发了后来的思想解放运动。明清时期，一些进步的思想家反对礼教、批判君权时，都从阳明心学中汲取了思想养料，如李贽、黄宗羲等。近代著名学者、思想家梁启超对王阳明的学说极为推崇。他说：“王阳明是一位豪杰之士。他的学术像打药针一样，令人兴奋，所以能做五百年道学结束，吐出很大光芒。”（《饮冰室合集·文集》）

王阳明的心学思想不仅在中国有着深远的影响，而且远播日本、韩国等国家和地区。

湛甘泉的心学思想在中国乃至东亚儒学发展史上占有重要地位，毫不逊色，无愧为与王阳明相媲美的心学双子星座。湛甘泉、王阳明二人心学取长补短，相得益彰，正如甘泉弟子何迁所说：

> “昔者某也闻之，东海有洞天，曰阳明，是故执天下之至虚而成不言之教者，莫大乎是。吾悦之而学之。又闻之，南海有原泉焉，曰甘泉，是故体天下之至实而宰无为之功者，莫大乎是。吾悦之而学之。是故学于阳明，则登太山而天下难为言矣。是故学于甘泉，则观沧溟而天下难为功矣。是故卧斯洞而玩斯泉，由二有主之几以游之乎！”（《吉

阳先生文录·白兆山房解》）

的确如此。作为陈白沙“江门心学”的衣钵传人，湛甘泉创造性地提出“随处体认天理”学说，通过大规模的书院讲学运动，与王阳明“致良知”学说分庭抗礼，从而形成别开生面的甘泉学派。梁启超的老师、近代戊戌变法领袖康有为指出：“湛甘泉与王阳明齐名，当时并称王、湛。”“甘泉另开一派，当时称王、湛，与阳明比。”（《康有为全集·南海师承记》）康有为对湛甘泉思想相当推崇，时常使用“齐名”“并称”“另”这样的字眼来突显湛甘泉和王阳明思想的区别与影响。

如果说湛甘泉另创学派与王阳明比肩意味着平分秋色的话，那么就可表明在明代中叶以来的心学发展历程中，绝非唯有阳明学派一枝独秀。

甘泉学派流传甚广，代有弟子。历史地看，甘泉学派缘起于岭南，但其发展不限于岭南，远及长江中下游和中原地区。甘泉学派的发展，不仅源于创立者湛甘泉善于思考，汲取众长，同时也有赖于几代弟子对阳明心学的质疑、调和与反思。湛甘泉一传弟子主要代表为洪垣、吕怀、何迁、唐枢；二传弟子主要代表为许孚远；三传弟子主要代表为冯从吾和刘宗周。实事求是地说，正是在与阳明学派不断辩难的过程中，甘泉学派扬弃陈白沙的“自得”之学，建构“随处体认天理”思想体系，积极倡导“合一”论，强调理气与心性、道心与人心、知与行、内与外、动与静、涵养与省察等的统一，以纠正阳明后学过于向内自省的教育倾向，使陈白沙创立的岭南心学获得新的活力而绽放异彩，有力地推动了明代中晚期心学的发展与繁荣，在很大程度上提升了岭南心学的思想文化影响力。

附录

一、湛甘泉、王阳明年谱简表

年号纪年	干支纪年	公元纪年	湛甘泉	王阳明
成化二年	丙戌	1466年	十月十三日（1466年11月20日）生于广东广州府增城县甘泉都沙贝村，取名为“露”	
成化三年	丁亥	1467年		
成化四年	戊子	1468年		
成化五年	己丑	1469年		
成化六年	庚寅	1470年		
成化七年	辛卯	1471年		
成化八年	壬辰	1472年		九月十三日（1472年11月31日）生于浙江绍兴府余姚县，取名为“云”
成化九年	癸巳	1473年		
成化十年	甲午	1474年		
成化十一年	乙未	1475年		
成化十二年	丙申	1476年	父湛瑛卒	改名“守仁”
成化十三年	丁酉	1477年		
成化十四年	戊戌	1478年		
成化十五年	己亥	1479年	入小学	
成化十六年	庚子	1480年		
成化十七年	辛丑	1481年	入乡校	父王华中状元
成化十八年	壬寅	1482年		过金山寺，阳明作诗，客人惊异

（续表）

年号纪年	干支纪年	公元纪年	湛甘泉	王阳明
成化十九年	癸卯	1483年		入塾师，认为读书学圣贤是第一等事
成化二十年	甲辰	1484年		寓京师，母郑氏卒
成化二十一年	乙巳	1485年		
成化二十二年	丙午	1486年		出游居庸关。当时石英王勇盗起，石和尚刘千斤作乱，阳明欲向朝廷上书，被父亲阻止
成化二十三年	丁未	1487年	入府庠。抚台视学，甘泉拒绝跪迎抚台	
弘治元年	戊申	1488年		与诸养和之女诸氏成婚。开始练字，书法大进
弘治二年	己酉	1489年		到广信拜访娄谅，讨论宋儒格物的学问
弘治三年	庚戌	1490年	长子湛东之出生	祖父王伦去世
弘治四年	辛亥	1491年		
弘治五年	壬子	1492年	参加乡试，乡试规定参加考试的考生需要光脚接受检查。甘泉拒绝此规定并说："此非所以礼士也。"因之废除此规定	参加浙江乡试。学习宋儒格物之学
弘治六年	癸丑	1493年	春，赴京参加会试，未考中。归途过南京江浦，拜访庄定山	会试未考中
弘治七年	甲寅	1494年	二月，去江门从学陈白沙，并焚毁会试部檄以示绝意进仕	
弘治八年	乙卯	1495年	陈白沙授以程子书。二月，白沙先生母林太夫人卒	
弘治九年	丙辰	1496年	与李世卿游罗浮山	

（续表）

年号纪年	干支纪年	公元纪年	湛甘泉	王阳明
弘治十年	丁巳	1497年	春夏间，回甘泉都。在《上白沙先生启略》中首次提到“随处体认天理”之说	在京师，学兵法
弘治十一年	戊午	1498年	陈白沙在《与湛民泽（十一）》信中首肯甘泉的“随处体认天理”之说。定居楚云台	在京师，谈养生
弘治十二年	己未	1499年	春，作《增城沙堤湛氏族谱序》《万竹轩记》。秋，与邓顺之等游西樵山，作《游西樵山记》。陈白沙赠甘泉《江门钓濑与湛民泽收管》，示意托以传世衣钵	在京师，举进士出身。春天参加会试，中南宫第二名，赐二甲进士出身第七人，观政工部。疏陈边务
弘治十三年	庚申	1500年	二月初十，陈白沙逝世。甘泉作《白沙先生行状》《奠先师白沙先生文》。四月作《记梦》并服丧三年	在京师，授刑部云南清吏司主事
弘治十四年	辛酉	1501年	作《白沙先生小祥祭文》	在京师，奉命审查江北。游九华，作《游九华赋》
弘治十五年	壬戌	1502年	作《沙湾李氏哀挽诗序》	五月复命，八月告病归越，筑室阳明洞中。是年渐悟仙释二氏之非
弘治十六年	癸亥	1503年	年初，作七律诗《新春试笔》。三月作《北堂永秀诗序》	
弘治十七年	甲子	1504年	奉母命及友人徐纮、谢佑劝使，入南京国子监。祭酒章懋赏识甘泉，以平辈论交。严嵩、张邦奇等为甘泉同学。改名“若水”	在京师，秋天主考山东乡试
弘治十八年	乙丑	1505年	春，以第二名中进士。随后，入选翰林院庶吉士，作《学说》《责志论》。八月作《学颜子之所学论》《送殿撰伦伯畴先生使安南序》。十一月作《文岩读礼诗序》并与王阳明初识定交	在京师，门人始进，倡身心之学，使人先立必为圣人之至

（续表）

年号纪年	干支纪年	公元纪年	湛甘泉	王阳明
正德元年	丙寅	1506年	作《闵雨时序》《送少保刘先生归东山序》《赠马君新居落成序》	在京师，二月，上书论救戴铣等人，惹怒刘瑾，下诏狱，谪龙场驿驿丞
正德二年	丁卯	1507年	十月，任翰林院编修。作《九章赠别并序》赠阳明。作《送都佥储先生之南都序》《送欧原道袭职归五羊序》《屏梅楼先生寿诗序》《送佥宪卢伯居之任序》《送黄君如英尹上饶序》	答甘泉诗《阳明子之南也，其又湛元明歌九章以赠，崔子钟和之以五诗，于是阳明子作八咏以答之》。夏，赴谪至钱塘。刘瑾派人跟随，乃托言投江才脱身。从鄱阳探望其父王华。十二月，返钱塘，赴龙场驿。徐爱拜师
正德三年	戊辰	1508年	春，充会试同考试官，结识吕柟。作《总兵毛公所藏邵君赠别歌后序》《戊辰腊廿七夜梦王伯安兄》	春，至龙场，始悟格物致知。中夜大悟，著《五经臆说》。当地人为阳明建龙冈书院，有寅宾堂、何陋轩、君子亭等
正德四年	己巳	1509年	作《赠宪副王希文序》《云谷吴君寿诞序》《送少参钟元溥序》《赠言序》《赠胡时振往河东序》《送冯有孚奉使湖广诗序》《赠正郎唐仁夫之南都序》《送太守郑志尹之潮州序》	在贵阳，提学副使席书聘请至贵阳书院，始论知行合一
正德五年	庚午	1510年	甘泉、阳明比邻而居。黄绾慕名而来，三人订终身共学之盟，共讲学于大兴隆寺。作《赠吉安刘太守序》《演比赠梁仲爵》《秋怀三首寄王庐陵阳明子》《送林善长之任序》《赠少保杨先生七十五寿诞诗序》《赠总戎焦公镇两广序》	升庐陵县知县，三月至庐陵。十一月，入京师于大兴隆寺。与甘泉订与终日共学。黄绾行弟子礼。十二月，升南京刑部四川清吏司主事

（续表）

年号纪年	干支纪年	公元纪年	湛甘泉	王阳明
正德六年	辛未	1511年	作《朱氏增修文公事迹叙》《赠太学生何公学叙》《桂林郑氏族谱叙》《赠华州守刘元素序》《太史张秀卿归省赠别》《告二王子》《明故封太安人吕氏墓志铭》等	一月，调吏部验封清吏司主事，论朱熹、陆九渊之学。二月，为会试考试官，方献夫受学。十月，升文选清吏司员外郎，送甘泉奉使安南，作《别湛甘泉序》《别湛甘泉二首》
正德七年	壬申	1512年	二月离京，奉命往封安南国王，顺道送母还乡	在京师，三月升考功清吏郎中。是年，穆孔晖、顾应祥、郑一初、方献科、王道、梁穀、万潮、陈鼎、路迎、孙瑚、魏廷霖、萧鸣凤、林达、陈洸、黄绾、应良、朱节、蔡宗兖与徐爱同受业。十二月，升南京太仆寺少卿，便道归省
正德八年	癸酉	1513年	正月抵达安南，不久回国。回国前后，作《交南赋》。是年，再奉母入京	二月，至越，五月与徐爱等人出游。黄绾以信迎接。十月到滁州，阳明督马政，从游之众自滁始
正德九年	甲戌	1514年	与阳明会于滁州，夜论儒释之道。春夏间到京	四月，升南京鸿胪寺卿。五月，至南京，徐爱、黄宗明、薛侃、马明衡、陆澄、季本、许相卿、王激、诸称、林达、张寰、唐愈贤、饶文璧、刘观时、郑骝、周积、郭庆、栾惠、刘晓、何鳌、陈杰、杨杓、白说、彭一之、朱篪等人同聚师门论学

（续表）

年号纪年	干支纪年	公元纪年	湛甘泉	王阳明
正德十年	乙亥	1515年	甘泉母卒，甘泉奉柩南归。途中，甘泉、阳明始论格物于龙江。作《与阳明鸿胪》《与王阳明先生鸿胪》《寄阳明王先生》	在京师，疏自陈，不允。为甘泉作《湛贤母陈太孺人墓碑》
正德十一年	丙子	1516年	杨骥、杨鸾拜甘泉于荷塘。《寄阳明》	九月，升督察院左佥都御史，巡抚南、赣、汀、漳等处。十月，归省至越
正德十二年	丁丑	1517年	十月，入西樵，上疏乡居养病。建云谷书院于天峰之下，建大科书院于烟霞洞。始编《二礼经传测》。有《答王阳明书》《祭白沙先生墓文》《乞养病疏》《寄阳明都宪》《寄王阳明都宪》《祭告大科书院落成文》等文	一月，至赣。二月，平漳寇。四月，班师。五月，立兵符。六月，疏请疏通盐法。九月，改授提督南、赣、汀、漳等处军务，给旗牌。抚谕贼巢，疏谢升赏。十月，平定横水桶冈诸寇
正德十三年	戊寅	1518年	十一月，先生次子湛柬之出生。是年，开始重视并整理古本《大学》《中庸》，撰作《古大学测》《中庸测》《答王阳明》	一月，征三浰。二月，奏移小溪驿。三月，疏乞致仕不允，以病也，袭平大帽浰头诸寇。四月，班师，立社学。五月，奏设和平县。六月，升督察院右副都御史，荫子锦衣卫，世袭百户，辞免，不允。七月，刻古本大学，刻朱子《晚年定论》。八月，薛侃刻《传习录》，凡三卷。九月，修濂溪书院。十月，举乡约。十一月，再请疏通盐法，朝廷从之。阳明作《答甘泉》书，寄给甘泉《朱子万年定论》。徐爱卒

（续表）

年号纪年	干支纪年	公元纪年	湛甘泉	王阳明
正德十四年	己卯	1519年	作《答阳明》《答阳明都宪》	在江西，一月，疏谢升荫，疏乞致仕，不允。六月，奉敕勘处福建叛军。六月十五日，至丰城，闻朱宸濠谋反，遂返吉安，起义兵。七月，擒获朱宸濠，平定叛乱。十一月，返江西
正德十五年	庚辰	1520年	完成《大科书院训规》，作《大科书院训规序》，倡德业、举业二业合一。作《答阳明》。完成《古大学测》《中庸测》	在江西，一月，赴诏，次芜湖，寻得旨，返江西。二月，到九江，当月，还南昌。三月，请宽租。六月，至赣，大阅士卒，教战法。八月，咨部院，雪冀元亨冤状。闰八月，四疏省葬，不允。九月，还南昌。作《答甘泉》书
正德十六年	辛巳	1521年	五月，由吴廷举、朱节的疏荐，复补翰林编修，并于年底离开西樵山。寄《古大学测》《中庸测》给阳明，作《奠杨仕德文》《答阳明王都宪论格物》，完成《白沙子古诗教解》。作《祭告白沙先生文》，作《寄阳明》贺阳明封新建伯	一月，居南昌，始揭致良知之教。五月，集门人于白鹿洞。甘泉寄《古大学测》《中庸测》，黄绾寄《大学》《洪范》。六月，升任南京兵部尚书，至钱塘，便道归省。八月至越。九月，归余姚，省祖茔。十二月，封新建伯。作《答甘泉》书
嘉靖元年	壬午	1522年	二月，与方献夫、王艮过江为王阳明之父吊丧，作《奠故大宗伯枫山章先生文》。五月，到朝，复翰林院编修职。七月，上奏《再论圣学疏》	一月，疏辞封爵。二月，阳明父丧。卧病。七月，再疏辞封爵。九月，葬父亲王华于石泉山

（续表）

年号 纪年	干支 纪年	公元 纪年	湛甘泉	王阳明
嘉靖二年	癸未	1523年	四月，进讲《尚书·虞书·大禹谟》“可爱非君可畏非民”章。九月十二日，进讲《尚书·虞书·大禹谟》“天聪明自我民聪明”章。十二月，升翰林院侍读。《遵道录》刻版印行	在越，春，邹守益来越问学。大兴讲学，门人始众。十一月，素林公来访。冬，黄佐至绍兴，访阳明，相与论学七日
嘉靖三年	甲申	1524年	三月，“大礼议”起，甘泉具奏，嘉靖帝不听。八月，升南京国子监祭酒。到南京任职，筑观光馆，作《心性图说》	在越，一月，门人日进。辟稽山书院，聚八邑之士，身率讲习以督之。八月，宴门人于天泉桥。十月，南大吉继刻《传习录》，取阳明论学书，增至五卷，续刻于越。董罗石拜于阳明门下
嘉靖四年	乙酉	1525年	郭维藩作《新论、明伦序》。四月作《二礼经传测序》，沈珠作《樵语序》，蔡玘作《新论序》，蒋信作《雍语序》，葛涧作《雍语后序》。完成《二礼经传测》（68卷），始编《圣学格物通》。幼子湛涞之出生。作《白沙先生诗教序》	在越，一月，夫人诸氏卒，四月葬于徐山。作稽山书院《尊经阁记》。九月，归姚省墓，定会于龙泉寺之中天阁，撰文书于壁，勉力诸生勤于会讲。十月，门人在越城西郭门内，光相桥之东，立阳明书院，孙蒙泉拜入阳明门下，王阳明授以《传习录》。作《万松书院记》
嘉靖五年	丙戌	1526年	四月，作《期蒋生》。六月六日，作《奠杨仕鸣文》。八月，黄伦作《二业合一训序》，陈寰作《书白沙先生诗序》，沈珠作《雍语序》	在越，三月，与邹守益书，守益在广德州筑复古书院。四月，复南大吉书。答欧阳德书。八月，答聂豹书。十一月，子正亿生，为继室张氏所生。十二月，作《惜阴说》。戚贤入阳明门下。有《答甘泉》书

（续表）

年号纪年	干支纪年	公元纪年	湛甘泉	王阳明
嘉靖六年	丁亥	1527年	与吕柟、邹守益、欧阳德等会于南京新泉书院。九月，送阳明出征。十月，北上考绩，何瑭有《湛甘泉考绩序》。在扬州，门人葛涧为先生筑“甘泉行窝”以讲学，从学者有葛涧、吕柟等近百人，其后由御史朱廷立、徐九皋、洪垣等修拓，改为甘泉书院。辑成《圣学格物通》（100卷）	在越，一月，与黄绾书。四月，邹守益刻《文录》于广德州，阳明自标年月。五月，命兼督察院左都御史。六月，疏辞，不允。九月，发越中。九月，与钱德洪、王畿在天泉桥上辩论学术。十月，至江西南浦，入谒文庙，讲《大学》于明伦堂。十一月，至肇庆，寄书钱德洪与王畿。十一月，与杨少师书，与黄绾书，与方献夫书。十二月，命暂兼理巡抚两广，疏辞，不允。至吉安。万枫潭拜入门下
嘉靖七年	戊子	1528年	年初，与诸士会于南京新泉书院。五月，升南京吏部右侍郎。六月，作《圣学格物通大序》，《进圣学格物通表》，进所著《圣学格物通》。七月，作《奠沈隐君文》。闰十月，作《四勿总箴》，周冲作《新泉问辩录题辞》	四月，议迁都台于田州，不果，兴思田学校。五月，抚新民。六月，兴南宁学校。九月，与钱德洪、王畿书。十月，疏请告，未报。行驻广东，聚友讲学，黄佐与之相见。谒伏波庙，祀增城先庙，题甘泉居。与钱德洪、王畿通信，与何性书。青阳知县祝增于九华山化城寺西创建阳明书院。聂双江与陈明水校刻《传习录》。十一月二十九日（1529年1月9日），逝世于南安（今江西大余）

（续表）

年号纪年	干支纪年	公元纪年	湛甘泉	王阳明
嘉靖八年	己丑	1529年	作《奠王阳明先生文》。七月，转北京礼部右侍郎。冬，原配袁氏卒。周孚先、吕怀等编辑、刊刻《甘泉先生文录类选》，卷首有吕怀所作《刻甘泉先生文录类选后序》，周孚先作《甘泉先生文录类选序》	—
嘉靖九年	庚寅	1530年	上疏倡天地分祀之礼	—
嘉靖十年	辛卯	1531年	九月，转北京礼部左侍郎。秋，方道、方瓘来北京金台从学。作《迁冈书院记》。《问疑录》完成	—
嘉靖十一年	壬辰	1532年	吕景蒙作《新泉问辩录序》，作《白沙书院记》。福建右布政使吴昂刊刻《圣学格物通》（100卷）于福建	—
嘉靖十二年	癸巳	1533年	升任南京礼部尚书。朝廷赠封先生祖樵林公、父怡庵公礼部尚书、资政大夫，祖妣梁氏、母陈氏、妻袁氏夫人。长子东之卒。门人高简、卞崃刻《白沙子》，周相、高简重刻《圣学格物通》于扬州。吕柟作《圣学格物通序》。池州知府侯缄，复于化城寺北建甘泉书院。完成《古文小学》三册	—
嘉靖十三年	甲午	1534年	高简作《春秋正序传》，崔铣作《湛氏小宗义田记》	—
嘉靖十四年	乙未	1535年	乡人朱敬之刻《甘泉先生两都风咏》（4卷）于吴门，卷首李禩作《甘泉先生两都风咏序》，卷尾沈应阳作《甘泉先生两都风咏后序》。六月，在九华山书院讲学，有《九华山书院讲章》。秋，奉命祭祖，途中在泗州、扬州讲学，有《泗州两学讲章》《扬州府学讲章》。作《修复古易经传训测序》	—

（续表）

年号纪年	干支纪年	公元纪年	湛甘泉	王阳明
嘉靖十五年	丙申	1536年	六月，转任南京吏部尚书，二十八日到任。十月，上《进二礼书疏》，进《二礼经传测》。十一月，南归增城，创莲洞书院于娥眉山，修甘泉馆于古甘泉洞，又建朱明书馆于罗浮山。当时有论甘泉为伪学者，吕柟力止之。闻人诠等编辑、刊刻《甘泉先生文集》于新泉精舍	—
嘉靖十六年	丁酉	1537年	二月，过南昌，在南昌讲学，有《南昌讲义》。先后到福山书堂、天泉书堂、斗山书堂讲学。四月，御史游居敬论劾甘泉。世宗下旨：甘泉留用，所创书院令有司“改毁”，不许今后再有私创。上书《乞归田疏》。十月，作《修复四书古本测序》	—
嘉靖十七年	戊戌	1538年	二月，完成《洪子问疑录》。葛涧作《叙洪子问疑录后》。十月，作《奠陈公赞谟文》。十二月，作《莲洞书院赡田仓记》。先后上《再乞归田疏》《三乞归田疏》。洪垣、戚贤等增修全椒县学	—
嘉靖十八年	己亥	1539年	作《罗浮朱明洞创造精舍记》《娥眉莲花洞开创书馆记》《甘泉洞修造书馆记》。六月，改任南京兵部尚书。安南内乱，主张天子讨而不伐，不被认可。七月，与罗洪先、王畿、顾应祥论学。完成《杨子折衷》。刘誉作《录杨子折衷序》，洪垣作《新泉问辩录序》。十一月，罗洪先拜访。十二月，崔铣作《杨子折衷序》《书参赞行事首》	—

（续表）

年号纪年	干支纪年	公元纪年	湛甘泉	王阳明
嘉靖十九年	庚子	1540年	一月，作《读崔公后渠叙杨子折衷》。春，葛涧刊刻《杨子折衷》于新泉精舍。五月，奉命致仕。七月，离南京，访甘泉山，与人会饮于甘泉山馆，十一、十二日在甘泉精舍。八月，过鹅湖书院，作《寄罗整庵太宰书》。罗钦顺有《答湛甘泉大司马》。作《静斋书院记》。九月，还沙堤，洪垣作《泉翁大全序》。初五，至邵州精舍行窝，谒濂溪先生书院，在邵州明经馆讲学。十月，到罗浮，居天华馆。陈大章作《二业合一训跋》。洪垣为先生开天关诸堂于穗城（广州）。洪垣等开始编辑、刊刻《泉翁大全集》于岭南朱明书馆。南归途中遇王畿等，一路讲学，作《息存箴》	—
嘉靖二十年	辛丑	1541年	一月，作《答洪觉山侍御》。二月，作《厘正诗小序题辞》《复洪觉山侍御》。三月，洪垣为其撰《叙厘正诗小序后》。《甘泉湛氏家训》刊行，洪垣写《湛氏家训序》，卷末冼桂奇、潘洋、曾贯分别写《湛氏家训跋》	—
嘉靖二十一年	壬寅	1542年	一月，作《奠故男太学生东之文》。三月，作《明故太学生男东之墓志铭》。夏，薛侃来游罗浮朱明洞。中秋，陈大章撰《泉翁大全后序》，作《岭海舆图序》。九月，派陈说言、方瓘往天华精舍祭奠周濂溪、罗豫章、李延平、陈白沙	—

（续表）

年号纪年	干支纪年	公元纪年	湛甘泉	王阳明
嘉靖二十二年	癸卯	1543年	正月，门人莆田姚宗舜为沙堤之“江门钓台”作《和钓台诗二首》。十月，门人周学心携塑工返甘泉书院为先生塑像。作《湛甘泉先生像表记》《奠崔后渠吕泾野文》《与吕进士泾野子》	—
嘉靖二十三年	甲辰	1544年	三月，方献夫回甘泉都，作《登沙堤新筑江门钓台次石翁韵诗》。五月，在家乡试行沙堤乡约。六月，方献夫卒。七月，作《独冈赠言引》。八月，从西樵山去往南岳衡山，与薛中离论《古太极图》。九月初，至衡山。九月底，南岳天柱峰南台甘泉书院（衡岳居）落成，并开建白沙祠、衡岳精舍。十一月初四，竖白沙祠碑记后，留别衡岳。十一月初八，应谨庵督学来访，置酒请会于石鼓书院。作《十月初一衡岳居成作》《新创衡岳白沙祠记》	—
嘉靖二十四年	乙巳	1545年	游南岳，集衡阳人士而诲之。作《重修明诚书院席光亭记》《廉州府新立崇正书院记》《潜江县新建四城门记》《增城儒学明伦堂颂》。弟子刊刻《甘泉先生岳游纪行录》于一泉书堂	—
嘉靖二十五年	丙午	1546年	作《西樵山新立韩公祠记》《明故总制两广江西湖广等处地方提督军务奉天翊卫推诚宣力守正文臣特进光禄大夫柱国少保新建伯南京兵部尚书兼都察院左都御史阳明先生王公墓志铭》。九月，同诸生登大科峰。十一月，作《寻乐斋记》	—

（续表）

年号纪年	干支纪年	公元纪年	湛甘泉	王阳明
嘉靖二十六年	丁未	1547年	作《静观堂记》《白沙先生至言序》。秋，洪垣撰《湛子约言序》。九月初九，携诸生登大科峰。十月，作《洨滨书院记》	—
嘉靖二十七年	戊申	1548年	四月，作《非老子序》，冼桂奇作《非老子跋》，萧时中作《非老子跋》。五月，在大科峰小朱明馆作《补乐经序》。冬，钱宽来增城相与论学。在广州白云山兴建白云书院	—
嘉靖二十八年	己酉	1549年	十月，嫡孙敬先卒，年仅十七。陈明水拜访湛甘泉，何吉阳等在南京结“五日大会”。作《保和堂记》《玩爻轩记》《东莞县儒学重修记》《广州府儒学志引》《潮州宗山精舍阳明王先生中离薛子配祠堂记》	—
嘉靖二十九年	庚戌	1550年	三月，曾孙寿鲁出生。作《奠告白云书院土地文》《新创白云书院记》《太原甘泉书院记》《白云祭告白沙祠文》	—
嘉靖三十年	辛亥	1551年	作《新丰吕氏宗谱序》。次子东之卒。作《奠故男柬之文》。《重刻白沙先生全集序》	—
嘉靖三十一年	壬子	1552年	季子涞之卒。甘泉作《奠故男涞之文》。门人钟景星作《心性图序》。门人谢锡命编选《甘泉湛子古诗选》梓行。甘泉作《精选古体诗自序》。谢锡命撰《心性书跋》	—
嘉靖三十二年	癸丑	1553年	蒋信作《心性书序》	—
嘉靖三十三年	甲寅	1554年	郭大治作《重刻甘泉先生心性图书》。作《湛子知言自序》	—

（续表）

年号纪年	干支纪年	公元纪年	湛甘泉	王阳明
嘉靖三十四年	乙卯	1555年	正月，往游罗浮。作《罗浮游学记》。十月，九十大寿。郭应奎撰《甘泉先生大全续编序》。作《答洪觉山峻之》《代祖谕示》。居禺山，讲学不倦。《甘泉先生续编大全》（33卷）刊行，蒋信作《泉翁续编大全序》	—
嘉靖三十五年	丙辰	1556年	正月，发衡岳之游，遂游江西，至青原山，邹守益迎接。二月，祭告白沙先生，并修筑书院。五月，开讲于赣之府察院，所讲为《孟子》。作《重修南岳甘泉书院记》。周荣朱编录、谢锡命校正的《重游南岳纪行录》（1卷）刊行，郭应奎作《甘泉先生重游南岳纪行录序》，周荣朱作《刻重游南岳纪行录引》，陈惟顺作《甘泉先生重游南岳纪行录后序》	—
嘉靖三十六年	丁巳	1557年	玄孙出生	—
嘉靖三十七年	戊午	1558年	与弟子聚讲于天关书院	—
嘉靖三十八年	己未	1559年	作《默识堂记》	—
嘉靖三十九年	庚申	1560年	二月，致书约洪垣等人复游武夷山。三月，偕诸生开讲龙潭书院。四月二十二日（1560年5月16日），逝世于广州	—

二、湛甘泉弟子知见录（以汉语音序列名）

序号	姓名	字号	籍贯	出身	官职	出处
1	安如山	字子静	无锡	进士	裕州知府	见于《泉翁大全集·送安子静如山考察左迁》卷四十五
2	安如石	字子介，号膠阳	无锡	庠生	—	见于《泉翁大全集·明故桂坡安君墓碣铭》卷六十
3	布恒	字以道	—	—	吉水教谕	见于《泉翁大全集·归去纪行录》卷八十五
4	蔡叆	字天章，号洨滨	宁晋	进士	监察御史	见于《甘泉先生续编大全·洨滨书院记》卷五
5	蔡琚	—	番禺	庠生	—	见于《泉翁大全集·天关精舍讲章》卷十三
6	蔡琳	—	—	—	—	见于《泉翁大全集·雍语》卷六
7	蔡玘	字玉卿，号夷轩	德清	举人	延平同知	见于《泉翁大全集·泉翁大全新论序》卷二
8	蔡汝楠	字子木，号白石	德清	进士	历任工部员外郎，衡州、德州知府，江西布政司参政，右副都御史，河南巡府	见于《泉翁大全集·德清蔡氏族谱序》卷二十三
9	蔡羽	字九逵	吴县	监生	南京翰林院孔目	见于《泉翁大全集·雍语》卷六
10	曹珂	字国用	宜兴	举人	都察院都事	见于《宜兴县志·选举志》卷七
11	曹某（其名待考）	号近斋	衡山	监生	—	见于《甘泉先生文集·寄衡山曹近斋上舍》卷二十七

（续表）

序号	姓名	字号	籍贯	出身	官职	出处
12	柴惟道	字允中，号白岩山人	江山	—	—	见于《泉翁大全集·答江山何伦柴惟道徐贤三生问自然之说》卷四十四
13	陈爱月	—	增城	举人	—	见于《泉翁大全集·赠表弟乡宾陈爱月还甘泉诗有序》卷四十五
14	陈伯孚	—	衡州	—	历任宣城教谕，安义知县	见于《泉翁大全集·赠宣城掌教陈伯孚迁尹安义》卷四十五
15	陈大林	—	宣城	—	—	见于《泉翁大全集·宣城陈氏族谱序》卷二十一
16	陈大章	—	邵阳	—	—	见于《泉翁大全集·二业合一训跋》卷四
17	陈道	字居行，号燕山	南海	—	—	见于《泉翁大全集·雍语》卷六
18	陈衮	字补之	增城	—	—	见于《泉翁大全集·归去纪行录》卷八十五
19	陈怀	—	—	—	—	见于《泉翁大全集·雍语》卷六
20	陈怀仁	—	广州	庠生	—	见于《泉翁大全集·天关精舍讲章》卷十三
21	陈寰	字原大，号琴溪	常熟	进士	祭酒	见于《泉翁大全集·呈陈琴溪少司成名寰》卷四十一
22	陈继宗	—	—	贡生	吴江知县	见于《泉翁大全集·题陈继宗所赠万竹尹先生画》卷四十六
23	陈嘉训	—	海阳	—	常宁典史	见于《甘泉先生续编大全·岳游纪行录》卷三十三
24	陈见	—	—	—	—	见于《泉翁大全集·黄龙洞题名》卷三十六

（续表）

序号	姓名	字号	籍贯	出身	官职	出处
25	陈谏乡	—	增城	—	—	见于《泉翁大全集·赠表弟陈谏乡还甘泉洞》卷四十五
26	陈久培	—	广州	庠生	—	见于《泉翁大全集·天关精舍讲章》卷十三
27	陈爵	字良贵	—	—	南雄教谕	见于《泉翁大全集·归去纪行录》卷八十五
28	陈良谟	字忠夫，号练塘	安吉	进士	历任工部主事，贵州布政司参政	见于《泉翁大全集·答陈忠夫良谟》卷十
29	陈量	—	—	—	—	见于《泉翁大全集·归去纪行录》卷八十五
30	陈林	—	南京	—	—	见于《甘泉先生续编大全·答问》卷二十六
31	陈遴	—	吴县	举人	洛南教谕	见于《泉翁大全集·赠陈生遴得解还姑苏因贺其尊府大司成苇川》卷四十九
32	陈论	字思鲁	攸县	监生	巴州训导	见于《泉翁大全集·雍语》卷六
33	陈明德	字思准，号海涯	海阳	庠生	—	见于《泉翁大全集·答陈海涯》卷九
34	陈鸣时	—	番禺	庠生	—	见于《泉翁大全集·天关精舍讲章》卷十三
35	陈谟	字公赞，号艮斋	顺德	—	—	见于《泉翁大全集·樵语》卷一
36	陈穆	字舜宾	宁波	进士	徐州洪工部分司主事	见于《甘泉先生续编大全·云谷新祠奉安石翁神位祭告文》卷十四
37	陈其具	字才甫，号唐山	番禺	进士	历任武宁教谕，昌化知县，钟祥知县	见于《番禺县书目志》

（续表）

序号	姓名	字号	籍贯	出身	官职	出处
38	陈其鲁	字思颖，号巨川	增城	贡生	监察御史	见于《广州历代著作要录》
39	陈仁	又名觅吾，字体元	归化	贡生	历任云南、广西通判，广西知府	见于《泉翁大全集·雍语》卷六
40	陈汝晦	—	—	—	万县教谕	见于《泉翁大全集·送陈汝晦分教万州》卷五十
41	陈绍儒	字师孔，号洛南	南海	进士	南京工部尚书	见于《中国文学大辞典》
42	陈升	—	—	—	南雄知县	见于《泉翁大全集·归去纪行录》卷八十五
43	陈舜夫	字鸣球	诏安	—	—	见于《泉翁大全集·晓枕偶拈三首送陈生舜夫鸣球归诏安》卷十八
44	陈说言	—	顺德	—	—	见于《甘泉先生续编大全·谒奠天华精舍四贤祠文》卷十三
45	陈所素	—	增城	—	—	见于《甘泉先生续编大全·寄陈所素暨宅上诸亲》卷二十
46	陈同寿	—	—	监生	—	见于《泉翁大全集·归去纪行录》卷八十五
47	陈望	—	分水	—	华容主簿	见于《泉翁大全集·答陈子望诸生求言》卷五十
48	陈希周	号静翁	增城	—	—	见于《甘泉先生续编大全·送西洲二陈表侄上京入监诗有序》卷十七
49	陈一贯	—	—	—	—	见于《甘泉先生续编大全·门人顺德何鸿校刊》卷十六
50	陈一之	—	—	—	浔州通判	见于《泉翁大全集·送浔州别驾陈一之》卷四十九

（续表）

序号	姓名	字号	籍贯	出身	官职	出处
51	陈沂	字宗鲁，号石亭	南京	进士	江西布政司左参议	见于《泉翁大全集·陈石亭以旧作见示次和灵谷一篇》卷四十七
52	陈宜山	—	—	—	廷尉	见于《泉翁大全集·送陈宜山廷尉奉召北上癸巳十月十三日》卷五十二
53	陈应举	—	—	—	—	见于《泉翁大全集·黄龙洞题名》卷三十五
54	陈应期	—	青阳	—	永宁知州	见于《泉翁大全集·雍语》卷六
55	陈有容	—	休宁	进士	—	见于《泉翁大全集·企庵铭有序》卷三十二
56	陈御	—	广州	庠生	—	见于《泉翁大全集·天华书院讲章》卷四十七
57	陈育	—	—	—	—	见于《泉翁大全集·雍语》卷六
58	陈元白	—	荆门	—	—	见于《泉翁大全集·送陈元白归省三首》卷五十
59	陈云松	字子才	盱眙	庠生	南京左军都督府经历	见于《泉翁大全集·郧阳府新立题名记》卷二十八
60	陈泽	字子仁，号平川	南海	—	庆元知县	见于《甘泉先生续编大全·奠侍御陈子仁文名泽》卷十五
61	陈兆龄	字子材	—	—	长芦都运	见于《泉翁大全集·定陈文孙名兆龄言》卷三十四
62	陈志刚	号震川	增城	—	—	见于《泉翁大全集·别后有怀甘泉洞兼呈板筑诸君五首》卷五十
63	陈仲录	号朗溪	武陵	进士	山东按察使	见于《甘泉先生续编大全·寄题陈朗溪诗有序》卷二十二

（续表）

序号	姓名	字号	籍贯	出身	官职	出处
64	陈梓卿	—	东莞	—	—	见于《甘泉先生续编大全·即席送陈梓卿归省携侄来山四言》卷二十三
65	陈宗享	号东山	顺德	—	—	见于《泉翁大全集·喜东山陈宗享复到山论学兼示诸生》卷四十一
66	程镔	—	—	监生	—	见于《泉翁大全集·诔监生程生镔文》卷五十八
67	程镐	字子京	祁门	监生	吴川知县	见于《泉翁大全集·雍语》卷六
68	程爵	—	歙县	—	—	见于《泉翁大全集·跋程生所藏白沙先生真迹后》卷三十四
69	程锐	—	婺源	监生	—	见于《泉翁大全集·明故处士善山程君墓表》卷六十四
70	程文德	字舜敷，号松溪	永康	进士	历任南京国子监祭酒、吏部左侍郎，南京工部右侍郎	见于《泉翁大全集·贺程氏双寿序》卷二十二
71	程辄	—	婺源	—	—	见于《圣学格物通》卷五
72	程辙	字子建	蕲水	—	—	见于《泉翁大全集》卷七十九下
73	崔官	号柏溪	保宁	进士	衡州通判	见于《甘泉先生续编大全·承冯南滨太守、丁巨川少府、崔柏溪别驾饯于回雁寺，作诗酬之》卷十九
74	崔铣	字子钟、仲凫，号后渠、洹野	安阳	进士	礼部左侍郎	见于《泉翁大全集·泉翁大全杨子折衷序》卷七十九上
75	戴冠	字仲鹖	信阳	进士	历任户部主事，山东提刑副使	见于《泉翁大全集·新创乌石驿记》卷二十六

（续表）

序号	姓名	字号	籍贯	出身	官职	出处
76	戴爵	—	广州	庠生	—	见于《泉翁大全集·天华书院讲章》卷十三
77	戴铣	字子声，号角峰	东莞	进士	历任礼部主事，四川道监察御史	见于《东莞县志·人物略》卷五十七
78	邓德昌	字顺之	顺德	庠生	—	见于《顺德县志·职官表》卷九
79	邓德纯	字家文，号默斋	顺德	—	南宁通判	见于《甘泉先生续编大全·赠洪方二子归福山序》卷一
80	邓禨	—	—	—	—	见于《甘泉先生续编大全·云谷新祠奉安石翁神位祭告文》卷十四
81	邓某（其名待考）	字粤良	—	—	—	见于《湛甘泉先生文集·喜报洪觉山方时素将至樵》卷三十二
82	邓钦	—	—	—	—	见于《甘泉先生续编大全·白云陈宗汤先生祠祭文》卷十四
83	邓维翰	—	—	—	—	见于《甘泉先生续编大全·云谷新祠奉安石翁神位祭告文》卷十四
84	邓文宪	号念斋	新会	举人	历任孝丰知县，淮安同知，南京户部员外郎，建昌知府，工部侍郎	见于《甘泉先生续编大全·走笔谢邓念斋太守惠佳荔》卷二十
85	邓瞻	字君卓	—	—	—	见于《泉翁大全集·答邓瞻邓畛》卷八
86	邓畛	字君恪	顺德	—	—	见于《泉翁大全集·答邓瞻邓畛》卷八

（续表）

序号	姓名	字号	籍贯	出身	官职	出处
87	丁楫	号巨川	永宁	举人	衡州同知	见于《甘泉先生续编大全·承冯南滨太守、丁巨川少府、崔柏溪别驾饯于回雁寺，作诗酬之》卷十九
88	董廷瑞	—	—	庠生	—	见于《甘泉先生续编大全·题自师堂有序》卷十九
89	董遵	字道卿，号东湖，自称“白鹿道人”	兰溪	—	历任南昌训导，溧阳教谕	见于《泉翁大全集·董东湖道卿母挽》卷四十二
90	樊问仁	—	—	—	历任宜兴教谕，解州知州	见于《泉翁大全集·归去纪行录》卷八十五
91	方纯仁	字时勉	婺源	举人	历任邹县知县，郧阳同知	见于《泉翁大全集·自赞福山方氏纯仁瓘兄弟所绘画像》卷三十三
92	方瓘	字时素，号明谷	婺源	—	—	见于《泉翁大全集·新泉问辩续录》卷七十一
93	方毅中	—	—	—	—	见于《甘泉先生续编大全·游罗浮濂溪先生韵与同游诸贤 》卷十九
94	方有孚	—	—	—	—	见于《泉翁大全集·黄龙洞题名》卷三十五
95	方直养	—	休宁	—	—	见于《泉翁大全集·送方直养归齐云诗序》卷三十六
96	冯冠	字正伯，号南滨	常熟	进士	历任邓州知州，国子监博士，工部主事、员外郎，衡州知府	见于《甘泉先生续编大全·承冯南滨太守、丁巨川少府、崔柏溪别驾饯于回雁寺，作诗酬之》卷十九
97	冯簧	—	—	—	—	见于《泉翁大全集·归去纪行录》卷八十五

（续表）

序号	姓名	字号	籍贯	出身	官职	出处
98	冯某（其名待考）	字左山	—	—	—	见于《湛甘泉先生文集·喜报洪觉山方时素将至樵》卷三十二
99	冯时举	字士卿	增城	庠生	—	见于《甘泉先生续编大全·冯母湛氏安人六十一寿诞序》卷二
100	冯世雍	字子和，号三石	江夏	进士	历任工部主事，吏部员外郎，临安、徽州知府	见于《泉翁大全集·题三石有序》卷四十二
101	冯望	字元湛	—	—	—	见于《甘泉先生续编大全·云谷新祠奉安石翁神位祭告文》卷十四
102	冯威	—	—	—	—	见于《甘泉先生续编大全·云谷新祠奉安石翁神位祭告文》卷十四
103	冯一夔	字尧章，号天来	鹤山	—	—	见于《甘泉先生续编大全·云谷新祠奉安石翁神位祭告文》卷十四
104	符锡	字颖江	新喻	—	韶州知府	见于《泉翁大全集·归去纪行录》卷八十五
105	符治	字士亨	新建	庠生	—	见于《泉翁大全集·南昌讲义》卷四十二
106	符钟	字伯声	新建	举人	道州知州	见于《泉翁大全集·明故道州知符君伯声墓表》卷三十六
107	甘学	字于盘	番禺	—	—	见于《泉翁大全集·樵语》卷一
108	高冈凤	字寅阳	邵阳	举人	历任参将，济南通判，保德知州	见于《甘泉先生续编大全·岳游纪行录》卷三十三

（续表）

序号	姓名	字号	籍贯	出身	官职	出处
109	高简	字公敬	绵州	进士	历任休宁知县，扬州教授，刑部尚书	见于《泉翁大全集·复四川兵备佥事李仲谦》卷十
110	高冕	字服周，号龙塘	孝丰	进士	南雄知府	见于《甘泉先生续编大全·明龙塘高先生墓表》卷十
111	高相	—	江都	—	—	见于《湛甘泉先生文集·七言绝句》卷三十一
112	葛洞	字近园	江都	监生	—	见于《吕柟集·甘泉行窝记》卷十六
113	葛涧	字子东	江都	贡生	—	见于《泉翁大全集·送葛子东应贡北上诗有序》卷四十五
114	葛文韶	—	绩溪	—	—	见于《湛甘泉先生文集·金陵答问》卷十二
115	葛赞	—	—	—	—	见于《甘泉先生续编大全·雍语》卷六
116	辜大记	—	—	—	—	见于《泉翁大全集·黄龙洞题名》卷三十六
117	管登	字宏升，号义泉	于都	举人	历任肇庆通判，广州通判，岳州同知	见于《甘泉先生续编大全·雍语》卷六
118	郭伯仁	—	番禺	—	—	见于《泉翁大全集·罗浮四诗有序》卷四十四
119	郭大治	字思道，号粤白	番禺	举人	历任萍乡教谕，湖广参政	见于《甘泉先生续编大全·重刻甘泉先生心性图书》卷三十一
120	郭棐	字笃周，号梦菊	番禺	进士	历任礼部主事，云南布政史，光禄寺卿，四川督学副使	见于《西樵游览记》卷十

（续表）

序号	姓名	字号	籍贯	出身	官职	出处
121	郭棨	字乐周	番禺	进士	历任桂阳知州，岳州同知	见于《番禺县志·选举志》卷三十九
122	郭瑞	字明祥	南康	监生	崇安知县	见于《泉翁大全集·归去纪行录》卷八十五
123	郭尚恺	—	—	—	—	见于《甘泉先生续编大全·问孝篇为郭生尚恺》卷二十四
124	郭维藩	字介夫，号杏东	潮阳	进士	太常寺少卿兼翰林院侍读学士	见于《泉翁大全集·呈郭杏东翰长名维藩》卷四十一
125	郭文翰	—	三水	举人	历任南道御史、石阡知府	见于《泉翁大全集·归去纪行录》卷八十五
126	郭文习	字景翔	福安	举人	衡阳知县	见于《甘泉先生续编大全·岳游纪行录》卷三十三
127	郭以平	—	—	—	—	见于《甘泉先生续编大全·游罗浮怀诸贤与钟叔辉宝潭》卷十九
128	郭应奎	字致祥，号平川	泰和	进士	嘉兴知府	见于《甘泉先生续编大全·与郭平川太守》卷九
129	郭鋆	字允重	高平	进士	历任太常少卿，工部左侍郎	见于《泉翁大全集·南平县令尹董侯生祠记》卷二十八
130	郭肇乾	字体刚，号冢山	南海	—	—	见于《甘泉先生续编大全·新创白云书院记》卷五
131	韩一芝	字元和	祁门	—	—	见于《泉翁大全集·答问吴生倚庐言》卷三十五
132	杭封	—	宜兴	—	普安判官	见于《宜兴县志·选举志》卷七
133	何大恩	—	—	—	—	见于《泉翁大全集·归去纪行录》卷八十五

（续表）

序号	姓名	字号	籍贯	出身	官职	出处
134	何道充	—	泰州	—	通州教授	见于《泉翁大全集·送泰州愽何道充》卷四十八
135	何滚	字宗远，号铁崖	—	—	—	见于《甘泉先生续编大全·云谷新祠奉安石翁神位祭告文》卷十四
136	何鸿	字于逵	顺德	进士	—	见于《甘泉先生续编大全·复何于逵》卷八
137	何怀云	—	东莞	进士	江宁知县	见于《甘泉先生续编大全·嘉东莞诗有序》卷二十
138	何宦	—	东莞	庠生	—	见于《泉翁大全集·独冈书院讲章》卷十二
139	何渐斋	字梅庄	—	举人	—	见于《甘泉先生续编大全·梅庄何公配麦氏合葬墓表》卷二十四
140	何良夫	—	桂阳	—	—	见于《甘泉先生续编大全·重送何生良夫还桂阳》卷十八
141	何伦	—	江山	—	—	见于《泉翁大全集·答江山何伦柴惟道徐贤三生问自然之说》卷四十四
142	何某（其名待考）	字悔斋	—	—	—	见于《湛甘泉先生文集·喜报洪觉山方时素将至樵》卷三十二
143	何迁	字益之，号吉阳，世称“吉阳先生”	德安	进士	南京刑部侍郎	见于《甘泉先生续编大全·中丞何公吉阳生生亭铭》卷二十一
144	何世纶	字伯起，号心斋	兴业	进士	应德、古田知县	见于《甘泉先生续编大全·送古田尹何君世纶》卷四十八

（续表）

序号	姓名	字号	籍贯	出身	官职	出处
145	何士修	—	—	—	—	见于《甘泉先生续编大全·云谷新祠奉安石翁神位祭告文》卷十四
146	何所学	—	—	—	—	见于《泉翁大全集·白沙书院讲章》卷十三
147	何塘	字粹夫，号柏斋	武陟	进士	官至工、户、礼三部侍郎，右都御史	见于《甘泉先生续编大全·湛子约言》卷二十九
148	何维栢	字乔仲，号古林	南海	进士	历任都察院左副都御史，南京礼部尚书	见于《甘泉先生续编大全·奠罗浮黄龙洞四贤祠文》卷十四
149	何彦	—	—	—	—	见于《泉翁大全集·归去纪行录》卷八十四
150	何元科	—	—	—	—	见于《甘泉先生续编大全·为何元科题其世父小山别号》卷二十
151	洪汝成	—	—	—	—	见于《甘泉先生续编大全·复洪汝成》卷九
152	洪垣	字峻之，号觉山	婺源	进士	历任永康知县、御史	见于《泉翁大全集·泉翁大全序》
153	洪章	字子成	祁门	贡生	历任和平知县，惠州通判	见于《泉翁大全集·新泉问辩续录》卷七十一
154	洪梓	—	徽州	—	—	见于《泉翁大全集·新泉问辩续录》卷七十二
155	胡鳌	字巨卿	沅陵	进士	廉州知府	见于《甘泉先生续编大全·廉州府新立崇正书院记》卷四
156	胡定	字子学	博罗	贡生	—	见于《泉翁大全集·罗浮朱明洞创造精舍记》卷二十九
157	胡立之	—	—	—	—	见于《泉翁大全集·送胡舍人立之》卷四十四

（续表）

序号	姓名	字号	籍贯	出身	官职	出处
158	胡士志	—	—	—	—	见于《湛甘泉先生文集·金台答问》卷十三
159	胡廷廉	号方石	绩溪	—	同知	见于《湛甘泉先生文集·问疑录》卷十
160	华庆玄	—	监生	—	—	见于《泉翁大全集·娄江书舍为华生庆玄题》卷四十六
161	黄宸	—	英德	贡生	新都主簿	见于《泉翁大全集·归去纪行录》卷八十五
162	黄辅	—	—	—	—	见于《泉翁大全集·雍语》卷六
163	黄恭先	—	—	—	—	见于《泉翁大全集·黄龙洞题名》卷三十六
164	黄昊	字惟予	—	—	—	见于《泉翁大全集·明故翰林院检讨白沙陈先生改葬墓碑铭》卷五十九
165	黄继流	—	—	—	—	见于《吕柟集·北山书屋序》卷五
166	黄纶	字理夫，号北山	金溪	贡生	江山知县	见于《泉翁大全集·答黄生理夫》卷四十二
167	黄梦龟	—	—	—	—	见于《甘泉先生续编大全·告祖考文》卷十五
168	黄梦说	字肖甫	增城	进士	历任邵武知县，辰州通判	见于《甘泉先生续编大全·为黄肖甫进士寿亲六十一华诞》卷二十
169	黄民准	字邦直、平甫，号慎斋	顺德	贡生	历任平乐训导，富川教谕，福建政和司训令	见于《甘泉先生续编大全·祭任东明墓文》卷十四
170	黄日敬	字时简，号淙壶	莆田	举人	历任崇仁知县，常德知府	见于《泉翁大全集·慰崇仁尹黄日敬》卷十

（续表）

序号	姓名	字号	籍贯	出身	官职	出处
171	黄如道	—	—	—	—	见于《甘泉先生续编大全·游罗浮怀诸贤与钟叔辉宝潭》卷十九
172	黄如礼	—	—	—	—	见于《甘泉先生续编大全·游罗浮怀诸贤与钟叔辉宝潭》卷十九
173	黄善	—	祁门	—	—	见于《泉翁大全集·归去纪行录》卷八十五
174	黄省曾	字勉之	—	举人	—	见于《泉翁大全集·新泉问辩续录》卷七十一
175	黄士英	—	东莞	—	—	见于《泉翁大全集·罗浮四诗有序》卷四十四
176	黄淑	字孟善	番禺	—	—	见于《泉翁大全集·二业合一训》卷四
177	黄素色	—	—	—	—	见于《泉翁大全集·黄龙洞题名》卷三十六
178	黄文典	字叔贞	增城	举人	历任阳朔教谕，繁昌知县	见于《泉翁大全集·罗浮四诗有序》卷四十四
179	黄文锦	—	增城	—	—	见于《甘泉先生续编大全·贺廉宪卢望峰先生八十一寿诞序》卷二
180	黄文明	—	南昌	举人	—	见于《泉翁大全集·南昌讲义》卷四十二
181	黄绣	字朝仪	英德	贡生	—	见于《甘泉先生续编大全·九思九歌有序》卷十七
182	黄绪	—	英德	—	—	见于《甘泉先生续编大全·九思九歌有序》卷十七

（续表）

序号	姓名	字号	籍贯	出身	官职	出处
183	黄彦聪	—	—	—	清平知县	见于《泉翁大全集·雍语》卷六
184	黄云淡	字仲通，号南夷子	莆田	举人	知县	见于《甘泉先生续编大全·南夷生黄仲通墓铭》卷十一
185	黄钟	—	揭阳	—	—	见于《泉翁大全集·莲洞书馆讲章》卷十三
186	黄宗器	字芝田	—	—	郴州知州	见于《甘泉先生续编大全·岳游纪行录》卷三十三
187	火坤	—	江都	—	光禄寺寺丞	见于《泉翁大全卷·燕翼堂记》卷三十
188	火增	—	江都	—	—	见于《泉翁大全卷·燕翼堂记》卷三十
189	霍敦	字允厚	南海	—	—	见于《西樵游览记》卷十
190	霍杰	字允先	南海	—	—	见于《西樵游览记》卷十
191	霍平易	—	—	—	—	见于《泉翁大全集·答霍平易》卷九
192	霍任	字尹先	南海	—	—	见于《甘泉先生续编大全·心性书或问有序》卷三十一
193	霍与瑕	字勉斋，号勉衷	南海	进士	历任慈溪知县，兵部职方司员外郎，广西佥事	见于《甘泉先生续编大全·明故逸士陈君敬颐墓表》卷十
194	简濂	—	—	—	—	见于《泉翁大全集·黄龙洞题名》卷三十六
195	江岗	—	祁门	—	—	见于《泉翁大全集·归去纪行录》卷八十五
196	江绍	—	—	—	—	见于《泉翁大全集·雍语》卷六

（续表）

序号	姓名	字号	籍贯	出身	官职	出处
197	江学曾	—	青阳	庠生	—	见于《泉翁大全集·送周克道吕汝德入九华兼寄先在山诸君有序》卷四十二
198	江一桂	字白石	新安	—	太平知府	见于《泉翁大全集·送江君一桂之广右太平守》卷四十六
199	蒋叔英	字本学	—	—	—	见于《甘泉先生续编大全·罗浮诸胜嘉会诗序》卷一
200	蒋台	—	—	—	—	见于《甘泉先生续编大全·岳游纪行录》卷三十三
201	蒋信	字卿实，号道林，世称“正学先生”	武陵	进士	历任户部户事，四川兵部员外郎，四川水利佥事，贵州提学副使	见于《泉翁大全集·雍语序》卷六
202	金哲成	—	婺源	—	—	见于《甘泉先生续编大全·送方金两生还福山诗有序》卷十六
203	康时聘	字用行	东莞	—	—	见于《甘泉先生续编大全·云谷新祠奉安石翁神位祭告文》卷十四
204	柯乔	字迁之，号双华	青阳	进士	历任湖广佥事、按察副使	见于《泉翁大全集·贺陈母封太安人七十华诞序》卷二十二
205	柯乔可	字尚迁	长乐	—	—	见于《甘泉先生续编大全·奠周佩韦文》卷十四
206	柯实卿	—	晋江	—	历任池州知府，刑部郎中	见于《泉翁大全集·明故封奉直大夫南京刑部浙江清吏司员外郎柯公墓表》卷四十六
207	寇惇	—	山西	—	—	见于《泉翁大全集·赠寇子之南都诗有序》卷四十

（续表）

序号	姓名	字号	籍贯	出身	官职	出处
208	况一经	号西坡	—	—	连州知州	见于《泉翁大全集·雍语》卷六
209	黎贵中	—	—	—	—	见于《甘泉先生续编大全·王僚慕溪黎君六十一初度华诞叙》卷三
210	黎滚	—	增城	举人	寿山知县	见于《泉翁大全集·罗浮四诗有序》卷四十四
211	黎民怀	—	高明	—	—	见于《甘泉先生续编大全·病枕和答高明黎君民怀问安》卷二十一
212	黎瑞鸾	号养真	顺德	—	—	见于《甘泉先生续编大全·叙黎氏家训》卷三
213	黎廷宝	—	—	—	—	见于《甘泉先生续编大全·王僚慕溪黎君六十一初度华诞叙》卷三
214	黎玺	—	—	—	—	见于《泉翁大全集·樵语》卷一
215	黎尧勋	号乐溪	乐至	进士	如皋知县	见于《泉翁大全集·寿黎母赵孺人七秩有二华诞诗有序》卷二十四
216	黎预	—	东莞	庠生	—	见于《泉翁大全集·天关精舍讲章》卷十三
217	李白父	—	绵竹	—	—	见于《泉翁大全集·偶书送李生白父下第归蜀》卷五十四
218	李邦宪	—	衡阳	举人	—	见于《甘泉先生续编大全·岳游纪行录》卷三十三
219	李邦直	字汝司	茂名	举人	历任绩溪、东阳知县，精膳员外郎	见于《泉翁大全集·贺李母封太孺人氏锡恩寿诞序》卷二十二

（续表）

序号	姓名	字号	籍贯	出身	官职	出处
220	李秉彝	—	番禺	—	临江训导	见于《泉翁大全集·赠李秉彝分教临江》卷五十
221	李朝芳	—	海阳	—	—	见于《甘泉先生续编大全·送海阳李朝芳、盛子顺二生还乡》卷二十
222	李呈祥	字时龙，号古源	贵池	监生	—	见于《泉翁大全集·送周克道吕汝德入九华兼寄先在山诸君有序》卷四十二
223	李春芳	字子实，号石麓	兴化	进士（状元）	少师兼太子太师，吏部尚书，中极殿大学士	见于《湛甘泉先生文集·甘泉湛先生文集叙》
224	李春芳	字元盛	增城	—	—	见于《甘泉先生续编大全·大科峰登高诗有序》卷十六
225	李大市	字右坡	番禺	—	—	见于《甘泉先生续编大全·寿义宰右坡李君七十华诞诗有序》卷十七
226	李东川	—	增城	—	大姚教谕	见于《甘泉先生续编大全·赠增城学李东川迁大姚掌教》卷二十
227	李公秀	—	番禺	庠生	瓯宁训导	见于《泉翁大全集·天关精舍讲章》卷十三
228	李公秩	—	广州	庠生	—	见于《泉翁大全集·天关精舍讲章》卷十三
229	李化龙	字伯熙，号鳌峰	番禺	贡生	—	见于《甘泉先生续编大全·访李鳌峰别驾于西台，遍观胜景，乐而有作》卷十九
230	李某（其名待考）	—	扬州	—	—	见于《泉翁大全集·送总运李挥使还维扬诗》卷四十二

（续表）

序号	姓名	字号	籍贯	出身	官职	出处
231	李某（其名待考）	字中冈	—	—	—	见于《湛甘泉先生文集·喜报洪觉山方时素将至樵》卷三十二
232	李如凤	—	番禺	—	历任柳州通判，南京国子监助教	见于《泉翁大全集·送别驾李君赴任柳州有序》卷十九
233	李时行	字少偕，号青霞	番禺	进士	历任嘉兴知县，南车驾司主事	见于《甘泉先生续编大全·新创白云书院记》卷五
234	李世京	字味泉	—	—	—	见于《甘泉先生续编大全·祭奠告白云书院土地文》卷十四
235	李世用	字道行	—	—	训导	见于《泉翁大全集·扬州府县学讲章》卷十二
236	李庭清	—	清远	—	—	见于《甘泉先生续编大全·题扇与李庭清有跋》卷十九
237	李万树	—	—	—	—	见于《泉翁大全集·白沙书院讲章》卷十三
238	李渭	字湜之	思南	—	—	见于《甘泉先生续编大全·思南季氏家乘序》卷三
239	李禩	字仲谦，号燕崖	永兴	进士	历任侍御，四川兵备佥事	见于《泉翁大全集·复四川兵备佥事李仲谦》卷十
240	李希孟	—	—	—	安义教谕	见于《泉翁大全集·送李希孟掌教安义》卷四十三
241	李一夔	—	东莞	—	海丰训导	见于《甘泉先生续编大全·迁修邵阳县儒学记》卷四
242	李一契	—	东莞	—	—	见于《泉翁大全集·罗浮四诗有序》卷四十四

（续表）

序号	姓名	字号	籍贯	出身	官职	出处
243	李义壮	字稚大，号三洲	番禺	进士	历任仁县知县，广西按察佥事，福建按察使，都察院右佥都御史	见于《番禺县志·列传》卷三十九
244	连龙	—	—	—	—	见于《泉翁大全集·归去纪行录》卷八十五
245	梁广明	—	增城	—	—	见于《泉翁大全集·娥眉莲花洞开创书馆记》卷二十九
246	梁海星	—	—	—	—	见于《甘泉先生文集·题寄梁海星》卷二十七
247	梁健	—	广州	庠生	—	见于《泉翁大全集·天关精舍讲章》卷十三
248	梁克明	—	—	—	乐会教谕	见于《泉翁大全集·送梁克明掌教乐会》卷五十
249	梁鸣治	—	广州	庠生	—	见于《泉翁大全集·天关精舍讲章》卷十三
250	梁乔乾	字瑶山	三水	庠生	阳朔训导	见于《泉翁大全集·天关精舍讲章》卷十三
251	梁世骠	—	顺德	进士	历任南京河南道监察御史	见于《泉翁大全集·赠文林郎南京河南道监察御史梁君墓志铭》卷六十
252	梁文宾	—	东莞	—	—	见于《泉翁大全集·罗浮四诗有序》卷四十四
253	梁宪甫	—	—	进士	—	见于《甘泉先生续编大全·为梁宪甫进士寿亲禄峰六十一华诞》卷二十
254	梁亿钟	字重禄，号藻庵	东莞	—	靖江典膳正	见于《寿甘泉尚书八十》一诗
255	梁有誉	字公实，号兰汀	顺德	进士	刑部主事	见于《泉翁大全集·天关精舍讲章》卷十三

（续表）

序号	姓名	字号	籍贯	出身	官职	出处
256	廖珩	—	南海	—	—	见于《泉翁大全集·天关精舍讲章》卷十三
257	廖峻	—	—	—	—	见于《甘泉先生续编大全·喜廖子峻掌教崔来脩司训至青霞洞》卷十九
258	廖正侨	—	衡阳	举人	—	见于《泉翁大全集·归去纪行录》卷八十五
259	林大植	—	潮州	庠生	—	见于《泉翁大全集·黄龙洞题名》卷三十五
260	林昊	—	番禺	庠生	德化训导	见于《泉翁大全集·天关精舍讲章》卷十三
261	林津	—	番禺	举人	柳州通判	见于《泉翁大全集·天关精舍讲章》卷十三
262	林梁	—	三水	庠生	—	见于《泉翁大全集·天关精舍讲章》卷十三
263	林烈	字孔承，号艾陵	东莞	举人	历任江阴教谕，大司寺司务，户部员外郎，户部郎中，福建转运司同知	见于《东莞县志·人物略》卷五十八
264	林美中	字月峰	海阳	—	漳浦教谕	见于《甘泉先生续编大全·奠林月峰文》卷十四
265	林纳言	字介立	—	—	—	见于《泉翁大全集·闰二月二十日于林介立纳言宅会顺限韵》卷五十二
266	林时衷	字中甫，号次崖	东莞	举人	历任浦江知县，广南知府，柳州同知	见于《泉翁大全集·归去纪行录》卷八十五
267	林廷俊	—	潮州	庠生	—	见于《泉翁大全集·青霞洞讲章》卷十二

（续表）

序号	姓名	字号	籍贯	出身	官职	出处
268	林挺春	字少和、元育	顺德	庠生	历任零陵、南靖知县，益州知州	见于《泉翁大全集·天关精舍讲章》卷十三
269	林文俊	字汝英，号方斋	莆田	进士	南京礼部侍郎	见于《泉翁大全集·明故赠南京礼部尚书文修公方斋林先生神道碑文》卷六十六
270	林信	—	—	—	台州通判	见于《泉翁大全集·送林君信节推之台州》卷四十
271	林钟	字太和，号砚山	三水	进士	历任户部郎中，安庆知府	见于《甘泉先生续编大全·明故中顺大夫安庆太守砚山林君墓志铭》卷十一
272	凌起凤	—	—	—	—	见于《甘泉先生续编大全·白云倚云堂告文》卷十四
273	凌云龙	—	—	—	—	见于《甘泉先生续编大全·白云倚云堂告文》卷十四
274	刘秉监	字遵教，号印山	安福	进士	历任刑部主事，河南佥事	见于《明儒学案》
275	刘黻	字伯绣，号岳亭	衡州	进士	历任南京国子监学正，四川巡按，广东道监察御史	见于《甘泉先生续编大全·岳游纪行录》卷三十三
276	刘节	字介夫，号梅国	南安	进士	历任兵部主事，广西按察史，刑部右侍郎，浙江左布政使，山东巡抚	见于《泉翁大全集·访刘秋卿梅国书院三首》卷五十

（续表）

序号	姓名	字号	籍贯	出身	官职	出处
277	刘缙甫	—	桂林	—	江浦知县	见于《泉翁大全集·新江书院定山先生祠堂记》卷二十八
278	刘昊	—	江都	—	—	见于《湛甘泉先生文集·七言绝句》卷三十一
279	刘模	字叔宪，号素予	南海	举人	兰溪教谕	见于《甘泉先生续编大全·与高鹤阿》卷八
280	刘某（其名待考）	字万光	—	—	—	见于《泉翁大全集·凝道之什（有序）》卷三十九
281	刘贤	字仲德	增城	—	感恩训导	见于《泉翁大全集·送刘仲德分教感恩》卷五十
282	刘显	—	江都	—	—	见于《湛甘泉先生文集·七言绝句》卷三十一
283	刘象龙	—	—	—	—	见于《甘泉先生续编大全·送刘生象龙行》卷二十
284	刘晓	—	—	—	常宁知县	见于《甘泉先生续编大全·岳游纪行录》卷三十三
285	刘延绎	—	—	—	—	见于《甘泉先生续编大全·云谷新祠奉安石翁神位祭告文》卷十四
286	刘沂	—	—	—	知州	见于《泉翁大全集·归去纪行录》卷八十五
287	刘应元	—	—	—	—	见于《泉翁大全集·归去纪行录》卷八十五
288	刘永	—	安福	—	县丞	见于《泉翁大全集·黄龙洞题名》卷三十五

（续表）

序号	姓名	字号	籍贯	出身	官职	出处
289	刘誉	—	永丰	举人	—	见于《泉翁大全集·泉翁大全集录杨子折衷序》卷七十八
290	刘昭文	字汝简	南康	进士	刑部员外郎	见于《客家人客家文化的祖居地中心转移变迁》
291	刘致道	字以学	增城	—	—	见于《增城县志·人物志》卷十三
292	刘子实	—	永丰	进士	—	见于《泉翁大全集·朱明洞石像自赞付刘子实》卷三十五
293	卢潮	—	江都	—	平山知县	见于《泉翁大全集·雍语》卷六
294	卢民任	号玉泉	—	—	—	见于《甘泉先生续编大全·寄题卢民任玉泉别号》卷二十
295	卢恩	—	广州	庠生	—	见于《泉翁大全集·天关精舍讲章》卷十三
296	卢少明	字梦阳，号星野	—	—	督学	见于《甘泉先生续编大全·与卢星野秋官》卷八
297	卢守益	字希高	滁州	—	—	见于《泉翁大全集·与陈巡按侍御辞坊牌价》卷九
298	卢尧亮	—	东阳	—	澧州知州	见于《泉翁大全集·明赠承德郎刑部河南清吏司署员外郎主事卢君易庵配赠安人俞氏合葬墓志铭》卷五十九
299	卢尧俞	字惟钦	东阳	贡生	江阴县丞	见于《泉翁大全集·明赠承德郎刑部河南清吏司署员外郎主事卢君易庵配赠安人俞氏合葬墓志铭》卷五十九

（续表）

序号	姓名	字号	籍贯	出身	官职	出处
300	卢应周	字少文	增城	—	—	见于《增城县志·人物志》卷十三
301	鲁承恩	—	建德	—	永州同知	见于《泉翁大全集·宿和州香泉书院题壁，兼寄州守鲁君承恩》卷四十四
302	陆舜臣	字师皋	横州	举人	广州教授	见于《泉翁大全集·新泉问辩录》卷六十七
303	陆云鹏	—	—	—	—	见于《泉翁大全集·归去纪行录》卷八十五
304	吕化	—	广州	庠生	—	见于《泉翁大全集·天华书院讲章》卷十三
305	吕怀	字汝德，号巾石	永丰	进士	太仆寺少卿	见于《泉翁大全集·新泉问辩录》卷七十
306	吕景蒙	字希正	象州	举人	监察御史	见于《泉翁大全集·新泉问辩录序》卷六十六
307	吕柟	字仲木，号泾野	高陵	进士（状元）	历任翰林院修撰，解州判官，南京吏部考功司郎中，北京国子监祭酒，南京礼部右侍郎	见于《甘泉先生续编大全·湛子约言下》卷三十
308	栾惠	字子仁	西安	—	—	见于《泉翁大全集·与栾子仁》卷九
309	伦以诜	字彦群，号穗石	南海	进士	历任礼部仪制司主事，南京兵部武选司郎中	见于《泉翁大全集·归去纪行录》卷八十五
310	罗朝黄	—	顺陵	—	—	见于《甘泉先生编大全·岳游纪行录》卷三十三
311	罗朝选	—	新昌	—	—	见于《甘泉先生文集·与罗朝选儒能何洛真数送之端州》卷二十七

（续表）

序号	姓名	字号	籍贯	出身	官职	出处
312	罗朝岳	字子钟，号一泉	茶陵	监生	—	见于《甘泉先生续编大全·贺国子罗君子钟冠子于岳庙文言》卷二十三
313	罗洪先	字达夫，号念庵	吉水	进士	历任翰林院修撰，兵部武选郎中	见于《泉翁大全集·明从仕郎广海卫经历罗君慎斋墓表》卷六十二
314	罗徽	—	番禺	庠生	—	见于《泉翁大全集·天关精舍讲章》卷十三
315	罗郡	—	吉安	—	—	见于《泉翁大全集·送罗生归白鹿诗序》卷二十
316	罗儒锦	—	新昌	—	—	见于《泉翁大全集·罗浮四诗有序》卷四十四
317	罗石	—	—	—	—	见于《泉翁大全集·新泉问辩录》卷六十九
318	罗一道	字贯卿，号中山	东莞	进士	历任刑部郎中，福建按察副使，湖广参政，提督湖、川、桂三省粮储	见于《泉翁大全集·天关精舍讲章》卷十三
319	罗一中	号元山	番禺	举人	乐安知县	见于《甘泉先生续编大全·会奠郭冢山文》卷十五
320	罗直	—	—	—	—	见于《泉翁大全集·扬州府县学讲章》卷十二
321	骆孟知	—	乐昌	举人	於潜知县	见于《泉翁大全集·奠於潜知县文》卷五十八
322	骆尧知	字君举	乐昌	举人	—	见于《甘泉先生续编大全·岳游纪行录》卷三十三
323	马理	字伯循，号溪田	三原	进士	南京光禄寺卿	见于《甘泉先生两都风咏·赠马溪田纳言归陕右》卷一

（续表）

序号	姓名	字号	籍贯	出身	官职	出处
324	马宗孔	号问庵	—	—	历任御史台佥事、督学	见于《泉翁大全集·答徐州兵备副使张君臬》卷十
325	麦秀	号东轩	—	举人	山东盐运	见于《泉翁大全集·赠麦前军升任山东盐运同诗有序》卷四十四
326	毛栓	—	—	—	—	见于《泉翁大全集·归去纪行录》卷八十五
327	毛宪	字式之，号古庵	武进	进士	礼科右给事中	见于《湛甘泉先生文集·墓志铭》卷三十五
328	毛玉峰	字兴隆	韶山	—	湖广都司	见于《甘泉先生续编大全·奠毛玉峰文》卷十四
329	孟津	—	滁州	—	—	见于《泉翁大全集·答孟生津》卷九
330	孟源	字伯生	滁州	—	—	见于《泉翁大全集·新泉问辩录》卷六十七
331	莫如善	字子明	恩平	进士	历任兖州府知事，户部主事，四川兵备，云南恭政，福建按察使	见于《泉翁大全集·明故锦衣莫千户配宜人苏氏墓表》卷六十三
332	倪霄	—	—	—	—	见于《泉翁大全集·走笔赠倪中舍霄》卷十九
333	欧策	字启河	郴阳	—	—	见于《甘泉先生续编大全·不依韵和答李西台别驾不果白云之游，独郴阳欧生策陪行奉呈》卷十八
334	潘高	字子抑，号春谷	太原	进士	少参	见于《泉翁大全集·答廷评潘子抑》卷十
335	潘鋐	—	—	—	—	见于《泉翁大全集》卷四十四
336	潘槐	字直卿	邕州	进士	南京河南道监察御史	见于《泉翁大全集·赠南京河南道监察御史潘直卿先生奉命之江右序》卷十九

（续表）

序号	姓名	字号	籍贯	出身	官职	出处
337	潘希召	字汝中	六安	—	侍郎	见于《泉翁大全集·翩翩者棣三章赠潘希召之弟归辰阳》卷三十九
338	潘洋	字汝济	新兴	—	—	见于《泉翁大全集·天关精舍语录》卷十三
339	潘子嘉	字汝亨	六安	贡生	—	见于《泉翁大全集·潘生子嘉姑母贞节诗有序》卷三十九
340	庞嵩	字振卿，称“弼唐先生”	南海	举人	曲靖知府	见于《甘泉先生续编大全·岳游纪行录》卷三十三
341	庞一德	字与虔	南海	举人	历任恩平教谕，嘉鱼知县	见于《西宁县的建立及其深远的文化影响》
342	彭鸣卿	—	广州	庠生	—	见于《泉翁大全集·赠彭鸣卿下第还五羊》卷四十九
343	彭绍文	—	—	—	—	见于《泉翁大全集·黄龙洞题名》卷三十五
344	彭时可	—	石溪	进士	休宁知县	见于《泉翁大全集·赠休宁大尹彭君之任序》卷二十一
345	濮锜来	—	—	—	永宁县丞	见于《泉翁大全集·与吉安二守潘黄门》卷十
346	濮樟	—	海宁	—	历任思恩同知、判官	见于《甘泉先生续编大全·岳游纪行录》卷三十三
347	祁梅	—	—	—	—	见于《甘泉先生续编大全·云谷新祠奉安石翁神位祭告文》卷十四
348	钱公普	字樾桥	—	—	都察院左副都御史	见于《甘泉先生续编大全·奠钱樾桥宪副文》卷十三

（续表）

序号	姓名	字号	籍贯	出身	官职	出处
349	钱君泽	—	—	—	—	见于《泉翁大全集·归去纪行录》卷八十五
350	钱芹	字懋文，号津泉	海宁	进士	历任刑曹，永州知府	见于《泉翁大全集·寿两涯钱先生七十华诞歌有序》卷五十四
351	钱潭	—	—	—	—	见于《泉翁大全集·归去纪行录》卷八十五
352	钱薇	字懋垣，号海石	海盐	进士	历任大行人，给事中	见于《甘泉先生续编大全·与谢惟仁》卷九
353	钱萱	—	海盐	进士	礼部员外郎	见于《甘泉先生续编大全·明故礼科右给事中海石钱君墓志铭》卷十二
354	秦孺	—	—	举人	—	见于《甘泉先生续编大全·答问》卷二十五
355	覃廷谧	—	辰州	举人	—	见于《甘泉先生续编大全·岳游纪行录》卷三十三
356	秦幼贞	—	—	举人	—	见于《甘泉先生续编大全·复秦幼贞举人》卷七
357	秦志道	—	象州	—	历任曲江教谕，澄迈知县	见于《泉翁大全集·归去纪行录》卷八十五
358	丘民敬	—	贵溪	—	—	见于《泉翁大全集·归去纪行录》卷八十五
359	屈复	—	番禺	庠生	—	见于《泉翁大全集·天关精舍讲章》卷十三
360	任柱	—	东莞	举人	池州同知	见于《泉翁大全集·五经馆记》卷二十七
361	容瑞	—	新会	—	—	见于《泉翁大全集·书甘泉子山书院翻刻神禹碑后》卷三十三

（续表）

序号	姓名	字号	籍贯	出身	官职	出处
362	邵必武	—	—	—	—	见于《湛甘泉先生文集·新泉翁编录》卷八
363	佘光裕	字武可，号江石	顺德	举人	怀宁教谕	见于《顺德县志·列传》卷二十三
364	沈鉴	字明之，号果斋	桐乡	贡生	元氏知县	见于《中国历史文化名镇乌镇史研究》
365	沈谧	字靖夫，号石云	秀水	进士	历任行人，刑科给事中，山东、江西佥事，湖广参议	见于《泉翁大全集·寄题沈东园别业有序》卷四十二
366	沈希周	字大易，号觉斋	晋江	—	—	见于《甘泉先生续编大全·即席再赠沈希周以十夜月送之》卷十八
367	沈应阳	—	慈溪	举人	云南道监察御史	见于《甘泉先生两都风咏后叙》
368	沈御	字子范，号文池	泾县	贡生	—	见于《泾县志·人物志》卷十八
369	沈珠	字汝渊，称“艾陵先生”	江都	举人	永新知县	见于《甘泉先生续编大全·送海阳李朝芳、盛子顺二生还乡》卷二十
370	谌廷诏	字汝宜，号近津	南昌	举人	历任英德知县，工部主事	见于《韶州府志·职官表》卷四
371	盛子顺	—	海阳	—	—	见于《甘泉先生续编大全·送海阳李朝芳、盛子顺二生还乡》卷二十
372	施宗道	—	青阳	庠生	—	见于《甘泉先生续编大全·湛子约言下》卷三十
373	史际	字恭甫，号燕峰	溧阳	进士	太仆寺少卿	见于《泉翁大全集·宜兴甘泉精舍记》卷二十九
374	史继源	—	溧阳	—	—	见于《泉翁大全集·明故史母徐氏孺人墓道碑文》卷六十五

（续表）

序号	姓名	字号	籍贯	出身	官职	出处
375	史克鸣	—	永新	—	—	见于《甘泉先生续编大全·岳游纪行录》卷三十三
376	史鹓	—	—	—	—	见于《泉翁大全集·雍语》卷六
377	舒蒙谏	—	番禺	—	—	见于《泉翁大全集·天关精舍讲章》卷十三
378	舒翼	—	广州	庠生	—	见于《泉翁大全集·天华书院讲章》卷十三
379	宋崇简	—	靖州	—	—	见于《泉翁大全集·嘉忠诗序》卷二十
380	宋沆	字景贤	永新	庠生	兵部尚书	见于《甘泉先生续编大全·率诸生入宅于衡岳甘泉精舍奠告土地文》卷十三
381	宋治	—	新会	庠生	—	见于《泉翁大全集·天关精舍讲章》卷十三
382	苏某（其名待考	字仁伯	—	进士	—	见于《甘泉先生编大全·赠苏仁伯何于逵霍勉衷三进士之京二首》卷二十
383	苏术	—	—	—	—	见于《甘泉先生续编大全·五言古诗》卷十六
384	孙承恩	字贞甫，号毅斋	华亭	进士	历任翰林院编修，礼部尚书	见于《泉翁大全集·奉寿毛阁老六十律》卷四十八
385	谭潜	字见之	—	进士	—	见于《泉翁大全集·归去纪行录》卷八十五
386	谭绍松	—	韶州	—	—	见于《甘泉先生续编大全·岳游纪行录》卷三十三
387	谭宗懿	字德良	高明	监生	孝感知县	见于《高明县志·列传》卷十三

（续表）

序号	姓名	字号	籍贯	出身	官职	出处
388	汤霭	—	—	—	—	见于《甘泉先生续编大全·答问》卷二十五
389	汤价	号鹤峰	增城	举人	处州同知	见于《甘泉先生续编大全·谒奠天华精舍四贤祠文》卷十三
390	汤梦兰	—	增城	—	—	见于《泉翁大全集·再与汤民悦》卷八
391	汤民悦	号九山	增城	—	—	见于《泉翁大全集·与汤民悦》卷八
392	汤天挺	字梦芷	增城	庠生	—	见于《甘泉先生续编大全·奠汤梦芷秀才文》卷十三
393	汤新之	—	增城	—	—	见于《甘泉先生续编大全·岳游纪行录》卷三十三
394	唐德基	字石泉	衡山	—	—	见于《甘泉先生续编大全·岳游纪行录》卷三十三
395	唐枢	字惟中，又字子正，又号一庵	归安	进士	刑部主事	见于《泉翁大全集·金陵答问》卷七十六
396	唐元殊	字同卿	临桂	举人	—	见于《泉翁大全集·走笔偶赠省元唐子元殊》卷四十五
397	陶伯鸿	—	—	—	—	见于《泉翁大全集·黄龙洞题名》卷三十五
398	陶朝辅	—	—	—	—	见于《泉翁大全集·黄龙洞题名》卷三十五
399	屠应埈	字文升，号渐山	平湖	进士	历任礼部主事，祠部清吏司郎中，芹春坊左谕德	见于《樵风》卷十

（续表）

序号	姓名	字号	籍贯	出身	官职	出处
400	屠应坤	字文厚	平湖	进士	历任宁国知府，云南布政使参政	见于《泉翁大全集·赠新升宁国府太守屠君文厚之任序》卷二十一
401	屠应埙	字文伯，号九峰	平湖	进士	历任按察司屯田副使，湖广提刑副使	见于《泉翁大全集·赠新升宁国府太守屠君文厚之任序》卷二十一
402	汪惇	字叔厚	余姚	进士	—	见于《泉翁大全集·万松记》卷二十六
403	汪戬	字元夫，号鹤溪懒渔	休宁	监生	昆阳知州	见于《泉翁大全集·仁山汪子文集序》卷二十
404	汪可立	—	祁门	进士	—	见于《泉翁大全集·祁门汪茂才可立久住九华来寿予以太极章答之》卷五十
405	汪克章	字叔宪	余姚	进士	奉政大夫	见于《泉翁大全集·万松记》卷二十六
406	汪鸾	—	—	—	知县	见于《泉翁大全集·归去纪行录》卷八十五
407	汪朴	—	祁门	—	—	见于《狂念日抄》
408	汪尚和	字节夫	休宁	—	—	见于《泉翁大全集·新泉问辩续录》卷七十一
409	汪烨	—	—	—	—	见于《泉翁大全集·跋斗山书院所刻训规》卷三十四
410	汪周潭	—	新安	—	督府中丞	见于《甘泉先生续编大全·答汪周潭中丞》卷九
411	王朝扆	—	—	—	—	见于《甘泉先生续编大全·迁修邵阳县儒学记》卷四
412	王承恩	—	—	—	—	见于《泉翁大全集·署徐君叙王承恩俞守之会约后》卷三十四

（续表）

序号	姓名	字号	籍贯	出身	官职	出处
413	王崇	字仲德，号麓泉	永康	—	历任吏科给事中，山西巡抚	见于《青阳县志·人物志》卷四
414	王崇庆	字德征，号端溪子	开州	进士	户部主事	见于《泉翁大全集·问疑录》卷七十五
415	王储	—	—	—	—	见于《泉翁大全集·洪子问疑》卷七十八
416	王道	字纯甫，号顺渠	武城	进士	历任应天教授，吏部右侍郎，南京国子监祭酒，南京户部右侍郎	见于《甘泉先生续编大全·答问》卷二十七
417	王德征	—	—	—	驿丞	见于《泉翁大全集·答王德征》卷十
418	王讽	字大忠	祁门	—	秀水教谕	见于《祁门县志·人物志》卷三十三
419	王奉	—	—	—	—	见于《泉翁大全集·送刘通政参议转北大理少卿》卷四十五
420	王鸿宾	—	—	—	—	见于《湛甘泉先生文集·甘泉湛先生文集跋》
421	王玑	字在叔	西安	进士	江西布政司参议	见于《泉翁大全集·归去纪行录》卷八十五
422	王积	字子崇	—	—	贵州兵备副使	见于《泉翁大全集·归去纪行录》卷八十五
423	王渐逵	字用仪、伯鸿，号青萝	番禺	进士	刑部主事	见于《甘泉先生续编大全·与王白侍御》卷九
424	王九思	字敬夫，号渼陂、碧山野叟	鄠县	进士	吏部郎中	见于《泉翁大全集·代简寄王渼陂》卷四十六
425	王美中	—	—	—	侍御	见于《泉翁大全集·奠王美中侍御文》卷五十八

（续表）

序号	姓名	字号	籍贯	出身	官职	出处
426	王盘	—	太平	—	—	见于《泉翁大全集·罗浮四诗有序》卷四十四
427	王仁	—	余姚	—	—	见于《湛甘泉先生文集·七言绝句》卷三十一
428	王如宾	—	海康	庠生	—	见于《泉翁大全集·甘泉洞讲章》卷十二
429	王世隆	—	沅陵	进士	历任刑部主事、参将，贵州按察副使	见于《泉翁大全集·金陵答问》卷七十六
430	王廷乾	字惟慎，号岩潭	泾县	进士	户部员外郎	见于《泉翁大全集·明故武昌太守王公墓表》卷六十三
431	王应鹏	字天宇	鄞县	进士	嘉定知县	见于《湛甘泉先生文集·送王天宇尹嘉定叙》卷十六
432	王元德	字子敦	婺源	—	—	见于《泉翁大全集·新泉问辩续录》卷七十一
433	王泽	—	桃源	进士	思州推官	见于《泉翁大全集·奏请置各城漏泽园疏》卷八十三
434	王溱	字公济	开州	进士	南康知县	见于《泉翁大全集·王公济侍御》卷八
435	王孔良	字前村	—	—	—	见于《甘泉先生续编大全·题王前村墓志》卷十二
436	韦商臣	字希尹	吴兴	—	历任大理寺评事，靖江知县，德安通判	见于《泉翁大全集·新修靖江县儒学记》卷二十七
437	闻人诠	字邦正	余姚	进士	历任宝应知县，南京提学御史，湖广按察副使	见于《泉翁大全集·泉翁大全序》

（续表）

序号	姓名	字号	籍贯	出身	官职	出处
438	邬爵	—	—	—	—	见于《泉翁大全集·雍语》卷六
439	吴成尹	—	增城	—	—	见于《甘泉先生续编大全·凤凰山明诚书院白沙祠春秋祭文定式》卷十四
440	吴纯	号腾川	—	—	—	见于《甘泉先生续编大全·答问》卷二十六
441	吴藩	—	—	—	武库清吏司主事	见于《泉翁大全集·雍语》卷六
442	吴广	—	—	—	—	见于《泉翁大全集·白沙书院讲章》卷十三
443	吴涵	字泳中	—	—	—	见于《泉翁大全集·命吴生涵字泳中诗四章章八句》卷三十九
444	吴介夫	—	—	—	—	见于《泉翁大全集·临归与吴介夫话旧》卷五十
445	吴筥	—	—	—	—	见于《泉翁大全集·寄题心期院诗有序》卷四十三
446	吴巨集	—	—	—	—	见于《泉翁大全集·罗浮四诗有序》卷四十四
447	吴麟	字允详	孝丰	进士	广东按察使	见于《泉翁大全集·明故诰封宜人吴母张氏墓志铭》卷六十
448	吴孟奇	—	—	—	—	见于《泉翁大全·送吴孟奇立教迁江》卷四十七
449	吴球	字菱山	丽水	—	—	见于《泉翁大全集·跋洪生所得白沙真迹》卷三十二
450	吴使春	—	—	—	—	见于《泉翁大全集·山泉记》卷二十九
451	吴世英	—	—	—	宜兴训导	见于《泉翁大全集·赠吴世英分教宜兴》卷四十六

（续表）

序号	姓名	字号	籍贯	出身	官职	出处
452	吴一舟	—	南昌	—	—	见于《甘泉先生续编大全·南昌吴一舟送鸣鹤赋之》卷二十
453	吴仲谦	—	永兴	—	—	见于《甘泉先生续编大全·岳游纪行录》卷三十三
454	吴宗传	—	金陵	—	—	见于《甘泉先生续编大全·独冈赠言引》卷一
455	伍就汤	—	增城	—	—	见于《泉翁大全集·罗浮四诗有序》卷四十四
456	伍克刚	字春山	增城	举人	历任邵武教授，吉安教授，北京国子监助教，直隶顺德府通判，常州通判，湖广岳州通判	见于《甘泉先生续编大全·明故岳州府通判春山伍君墓碣铭》卷十一
457	伍山	—	增城	—	—	见于《泉翁大全集·罗浮四诗有序》卷四十四
458	伍闾	字太和	增城	举人	历任聊城、南安知县	见于《增城县志·人物》卷十三
459	伍宗逊	—	—	—	—	见于《泉翁大全集·中秋三首寄伍宗逊尹彦明》卷四十六
460	夏臣	字伯邻，号弘斋	贵溪	举人	历任广德知州，易州知州	见于《泉翁大全卷·亲民堂记》卷三十
461	冼碧山	—	—	—	—	见于《泉翁大全文集·谩题赠冼碧山》卷四十五
462	冼桂奇	字奕倩，号少汾、秋白	南海	进士	刑部尚书	见于《泉翁大全集·祭县丞刘应言文》卷五十九
463	冼天祥	号履斋	南海	—	—	见于《泉翁大全集·祭赠刑部主事冼君文》卷五十八

（续表）

序号	姓名	字号	籍贯	出身	官职	出处
464	肖希说	—	东莞	—	—	见于《泉翁大全集·赠东莞地官正郎李惟肖希说三载考满之京有作》卷四十四
465	萧洪	—	—	—	—	见于《甘泉先生续编大全·云谷新祠奉安石翁神位祭告文》卷十四
466	萧某（其名待考）	号月塘	—	—	—	见于《泉翁大全集·寄萧王僚月塘子长句》卷四十九
467	萧师孔	号乐庵	福建	—	—	见于《甘泉先生续编大全·题萧师孔乐庵》卷十八
468	萧时中	—	永安	举人	荆门知州	见于《甘泉先生续编大全·云谷新祠奉安石翁神位祭告文》卷十四
469	萧元章	—	—	—	柳州通判	见于《泉翁大全集·送萧元章赴柳州别驾》卷五十
470	谢宏	—	—	—	—	见于《泉翁大全集·书诸生与谢生宏居下馆约后》卷三十五
471	谢澧	—	—	—	永安知州	见于《泉翁大全集·雍语》卷六
472	谢芊	字时春，号风山子，世称“风山先生”	祁门	—	—	见于《泉翁大全集·归去纪行录》卷八十五
473	谢少南	—	—	—	刑部主事	见于《泉翁大全集·走笔送刑部谢主事少南改官北上》卷四十二
474	谢锡命	字振卿，号东湖	南海	—	—	见于《甘泉先生续编大全·奠安陈宗汤神位告文》卷十五

（续表）

序号	姓名	字号	籍贯	出身	官职	出处
475	谢禧	字永锡	增城	—	湘阴知县	见于《泉翁大全集·雍语》卷六
476	谢显	字惟仁，号一墩	祁门	—	—	见于《泉翁大全集·归去纪行录》卷八十五
477	谢铉	—	祁门	—	—	见于《甘泉先生续编大全·祁门神交精舍记》卷六
478	谢永祎	—	东莞	—	—	见于《泉翁大全集·罗浮四诗有序》卷四十四
479	谢与规	—	东莞	—	—	见于《泉翁大全集·答谢与规》卷九
480	谢知远	字惟近	祁门	—	—	见于《甘泉先生文集·寓奠婺源洪母余太夫人文》卷二十一
481	熊洛	字景之，号笔山	南昌	进士	历任刑部主事，广西按察使，应天知府	见于《泉翁大全集·雍语》卷六
482	徐苍岩	—	增城	—	—	见于《泉翁大全集·送徐苍岩卿授阴阳还西洲》卷五十
483	徐尚悌	—	南海	庠生	—	见于《泉翁大全集·天华书院讲章》卷十三
484	徐世礼	字君叙	凤阳	—	南京锦衣卫指挥佥事	见于《泉翁大全集·雍语》卷六
485	徐天源	—	南海	庠生	—	见于《泉翁大全集·天华书院讲章》卷十三
486	徐文清	—	新安	—	—	见于《泉翁大全集·新泉问辩续录》卷七十一
487	徐贤	—	江山	—	—	见于《泉翁大全集·答江山何伦柴惟道徐贤三生问自然之说》卷四十四

（续表）

序号	姓名	字号	籍贯	出身	官职	出处
488	徐叙	字桂亭	—	贡生	锦衣卫指挥同知	见于《泉翁大全集·署徐君叙王承恩俞守之会约后》卷三十四
489	徐勖	字峰阳	锦屏	贡生	赵府左掌史	见于《泉翁大全集·雍语》卷六
490	徐一洙	—	—	—	—	见于《泉翁大全集·新泉问辩续录》卷七十一
491	杨成	—	—	—	—	见于《甘泉先生续编大全·门人顺德何鸿校刊》卷十六
492	杨成章	—	道州	贡生	国子监学录	见于《泉翁大全集·广孝篇》卷三十二
493	杨大中	字君极	婺源	举人	巡按御史	见于《甘泉先生续编大全·赠方时素杨君极王子敦还乡》卷十九
494	杨锭	—	—	—	—	见于《甘泉先生续编大全·门人顺德何鸿校刊》卷十六
495	杨东熙	—	沅江	—	—	见于《泉翁大全集·雍语》卷六
496	杨复元	—	—	—	—	见于《泉翁大全集·黄龙洞题名》卷三十五
497	杨瀚	号鹤桥	—	—	衡山主簿	见于《甘泉先生续编大全·题鹤桥有跋》卷十八
498	杨骥	字仕德、士德，号毅斋	海阳	举人	—	见于《泉翁大全集·授受第五凡十一章》卷一
499	杨钧	—	武进	—	—	见于《泉翁大全集·归去纪行录》卷八十四
500	杨鸾	字士鸣、仕鸣、少默，号复斋	海阳	举人	—	见于《泉翁大全集·樵语》卷一

（续表）

序号	姓名	字号	籍贯	出身	官职	出处
501	杨勉	字虞亮	天台	进士	兴化知县	见于《泉翁大全集·送地曹杨君奉诏侍养归琼台序》卷二十一
502	杨锜	—	扬州	—	—	见于《甘泉先生续编大全·代简寄扬州杨孝子锜》卷二十
503	杨钦	—	—	—	—	见于《泉翁大全集·雍语》卷六
504	杨汝荣	—	—	庠生	都督府都事	见于《泉翁大全集·明故封兵科给事中西山许公墓铭》卷六十
505	杨石	—	—	—	—	见于《甘泉先生续编大全·岳游纪行录》卷三十三
506	杨时秀	—	—	举人	—	见于《泉翁大全集·赠新举人怀远杨生时秀》卷四十二
507	杨守诚	—	—	—	—	见于《泉翁大全集·洪子问疑录》卷七十八
508	杨续	字克复	衡山	监生	—	见于《甘泉先生续编大全·表贞诗有序》卷十六
509	杨一中	—	—	—	泰和司训	见于《泉翁大全集·归去纪行录》卷八十五
510	杨佐	字相夫，号少槐	广州	庠生	—	见于《泉翁大全集·天关精舍讲章》卷十三
511	仰文定	—	—	—	—	见于《泉翁大全集·新泉问辩续录》卷七十四
512	姚宗舜	—	莆田	进士	历任文林郎巡按，广东监察御史	见于《湛若水年谱》
513	叶春芳	字应元，别号两峰	惠州	进士	古田知县	见于《泉翁大全集·题两峰书屋诗有序》卷八十五

（续表）

序号	姓名	字号	籍贯	出身	官职	出处
514	叶思忠	—	—	—	—	见于《泉翁大全集·归去纪行录》卷七十四
515	易吉夫	—	苍梧	—	—	见于《甘泉先生续编大全·独冈赠言引》卷一
516	易吉甫	—	—	—	—	见于《甘泉先生续编大全·题易吉甫观心卷》卷十七
517	尹龙诚	字克恭	永新	—	—	见于《甘泉先生续编大全·永新诸生尹克恭龙诚史鸣辞归赠之诗》卷十九
518	尹唐	—	怀宁	—	—	见于《青阳县志·甘泉书院记》卷十一
519	尹嵩	字惟中	东莞	举人	历任余杭知县，泉州同知，襄府长史	见于《东莞县志·人物略》卷五十七
520	尹彦明	—	—	—	—	见于《泉翁大全集·中秋三首寄伍宗逊尹彦明》卷四十六
521	应良	字原忠	仙居	进士	—	见于《泉翁大全集·寄应原忠吉士》卷九
522	应洙	—	漳州	—	—	见于《甘泉先生续编大全·凤凰山明诚书院白沙祠春秋祭文定式》卷十四
523	游士郁	—	顺德	庠生	—	见于《泉翁大全集·天关精舍讲章》卷十三
524	余涵	—	博罗	庠生	—	见于《泉翁大全集·天关精舍讲章》卷十三
525	余弦	—	—	—	望江知县	见于《泉翁大全集·送望江令余君弦》卷四十九
526	余溢	—	—	—	—	见于《甘泉先生续编大全·云谷新祠奉安石翁神位祭告文》卷十四

（续表）

序号	姓名	字号	籍贯	出身	官职	出处
527	余胤绪	字孝思	麻城	进士	户部右侍郎	见于《泉翁大全集·雍语》卷六
528	余裕	—	—	—	—	见于《泉翁大全集·雍语》卷六
529	俞守之	—	—	—	—	见于《泉翁大全集·署徐君叙王承恩俞守之会约后》卷三十四
530	俞宪	字汝成，号是堂	无锡	进士	山东按察使	见于《泉翁大全集·题西溪卷为俞进士宪乃祖》卷四十五
531	喻时	字中甫	豫章	举人	历任吴江知县，监察御史，太仆寺卿	见于《泉翁大全集·归去纪行录》卷八十五
532	袁邮	字伯高，号温溪士凤子	东莞	贡生	历任庆远教授，万载训导，湘潭教谕	见于《泉翁大全集·雍语》卷六
533	臧应奎	字贤徵，号损斋	长兴	进士	历任南京车驾主事，兵部主事，礼部精膳清吏司主事	见于《泉翁大全集·明故礼部精膳清吏司主事臧君墓志铭》卷五十九
534	曾忭	字汝诚，号前川	泰和	进士	婺源知县	见于《王阳明全集·年谱三》卷三十五
535	曾传	—	—	—	—	见于《甘泉先生续编大全·云谷新祠奉安石翁神位祭告文》卷十四
536	曾贯	—	—	—	—	见于《湛氏家训》序跋
537	曾极	—	建昌	监生	翁源知县	见于《甘泉先生续编大全·赠方时素杨君极王子敦还乡》卷十九
538	曾继穆	—	—	监生	—	见于《泉翁大全集·归去纪行录》卷八十五

（续表）

序号	姓名	字号	籍贯	出身	官职	出处
539	曾某（其名待考）	字廓斋	—	—	—	见于《湛甘泉先生文集·喜报洪觉山方时素将至樵》卷三十二
540	曾汝檀	字惟馨，号凝碧子	漳平	进士	礼部郎中	见于《泉翁大全集·雍语》卷六
541	曾士贤	—	南海	庠生	—	见于《泉翁大全集·天华书院讲章》卷十三
542	曾檀	—	—	—	安庆知府	见于《泉翁大全集·雍语》卷六
543	曾致道	—	增城	举人	休宁知县	见于《泉翁大全集·罗浮四诗有序》卷四十四
544	翟视	字仲明	泾县	贡生	历任信丰训导，石门知县	见于《泾县志·人物志》卷二十
545	翟祐	字思顺	泾县	庠生	—	见于《泾县志·人物志》卷十八
546	湛天润	字润卿，号莲樵	增城	—	历任国子监学录，平乐通判	见于《泉翁大全集·归去纪行录》卷八十五
547	湛行素	—	增城	—	—	见于《甘泉先生续编大全·岳游纪行录》卷三十三
548	张邦瑞	—	—	—	—	见于《甘泉先生续编大全·门人顺德何鸿校刊》卷十六
549	张标	—	—	—	—	见于《泉翁大全集·雍语》卷六
550	张伯征	—	双林	—	—	见于《泉翁大全集·送张伯征下第归双林》卷五十
551	张濲	字景川	顺德	进士	历任四川佥事，建平知县，广昌知县，礼部主事	见于《泉翁大全集·明故礼部精膳清吏司主事臧君墓志铭》卷五十九

（续表）

序号	姓名	字号	籍贯	出身	官职	出处
552	张潮	字允信，号春冈	增城	举人	建始知县	见于《甘泉先生续编大全·谒奠天华精舍四贤祠文》卷十三
553	张崇	—	建昌	举人	—	见于《泉翁大全集·赠学士崦西徐先生主考南畿还朝序》卷十八
554	张存诚	—	—	—	—	见于《泉翁大全集·归去纪行录》卷八十五
555	张度	字仲卿	顺德	—	—	见于《顺德县志·列传》卷二十四
556	张鹗	—	泗州	—	贵溪县丞	见于《泉翁大全集·归去纪行录》卷八十五
557	张絅	字廷文	顺德	—	—	见于《泉翁大全集·凝道之什有序》卷三十九
558	张世美	—	—	—	—	见于《甘泉先生续编大全·宋贞女吴氏墓表》卷十
559	张天赋	字汝德，号爱梅道人	兴宁	—	—	见于《（万历）广东通志》卷七十二
560	张文海	字原道，号龟峰子	增城	举人	华容知县	见于《甘泉先生续编大全·谒奠天华精舍四贤祠文》卷十三
561	张文济	—	增城	举人	—	见于《甘泉先生续编大全·谒奠天华精舍四贤祠文》卷十三
562	张烋	—	—	—	—	见于《湛甘泉先生文集·问疑序录》卷十一
563	张衍庆	字方山	—	—	佥都御史	见于《泉翁大全集·赠张方山中丞转坐北院》卷五十二

（续表）

序号	姓名	字号	籍贯	出身	官职	出处
564	张缨	字廷弁	顺德	—	—	见于《甘泉先生续编大全·云谷新祠奉安石翁神位祭告文》卷十四
565	张佑	字天佑	—	—	—	见于《泉翁大全集·东征诗并序》卷十五
566	张云鹤	—	章丘	—	永宁知县	见于《甘泉先生续编大全·云谷新祠奉安石翁神位祭告文》卷十四
567	章碧湖	—	徽州	—	—	见于《甘泉先生续编大全·方广寺僧圆林送藤竹二杖作》卷十九
568	章海崖	—	—	—	宜章知县	见于《甘泉先生续编大全·由陆至宜章权答宜章男子》卷十六
569	章允贤	字海愚	青阳	进士	历任贵溪知县，成安知县，礼、吏二科左右给事中，礼部都给事中	见于《青阳县志》卷五
570	赵崇信	字维周，又字仲履	顺德	进士	贵州按察司副使	见于《甘泉先生续编大全·奠大水关社神文》卷十四
571	赵善鸣	字元默，号丹山	顺德	举人	历任曲靖知府，南京户部员外郎	见于《泉翁大全集·明故翰林院检讨白沙陈先生改葬墓碑铭》卷五十八
572	赵惟用	—	四会	—	江阴训导	见于《泉翁大全集·赠赵惟用分教江阴》卷四十二
573	赵伊	—	—	—	—	见于《甘泉先生续编大全·门人顺德何鸿校刊》卷十六

（续表）

序号	姓名	字号	籍贯	出身	官职	出处
574	郑邦奇	—	番禺	庠生	—	见于《泉翁大全集·天关精舍讲章》卷十三
575	郑大仑	字峻甫	揭阳	—	德清训导	见于《泉翁大全集·学赠郑生峻甫司教》卷三十二
576	郑涤	字孔新	增城	—	—	见于《甘泉先生续编大全·云谷新祠奉安石翁神位祭告文》卷十四
577	郑淮	—	德安	进士	历任南京户部主事，德安知府	见于《泉翁大全集·太安人郑母俞氏墓志铭》卷六十一
578	郑经哲	—	潮阳	举人	—	见于《泉翁大全集·新泉问辩续录》卷七十四
579	郑经正	字碧川	潮阳	举人	长泰知县	见于《泉翁大全集·东溪诗有序》卷四十二
580	郑洛书	字启范，号思斋	莆田	进士	监察御史	见于《泉翁大全集·明广东高州府电白县儒学教谕近庵郑公墓表》卷六十三
581	郑明	字叔章	—	—	—	见于《甘泉先生续编大全·方竹杖铭送郑叔章明》卷二十三
582	郑汝高	—	—	—	黟县知县	见于《泉翁大全集·送郑汝高尹黟县》卷五十
583	郑汝砺	号浣溪	绩溪	贡生	闽侯教谕	见于《湛甘泉先生文集·讲章》卷十四
584	郑汝乔	字允升	文昌	进士	—	见于《（道光）广东通志》
585	郑若曾	字伯鲁，号开阳	昆山	贡生	—	见于《中国历代名人辞典》
586	郑师节	—	浦江	—	—	见于《泉翁大全集·送义门郑师节》卷三十二

（续表）

序号	姓名	字号	籍贯	出身	官职	出处
587	郑师准	—	浦江	—	—	见于《泉翁大全集·送义门郑师节》卷三十二
588	郑世迪	—	潮州	举人	—	见于《泉翁大全集·诰封刘母孙太淑人七十寿诗有序》卷四十四
589	郑趐	—	番禺	—	靖江知县	见于《泉翁大全集·新修靖江县儒学记》卷二十七
590	郑烛	字景明，号远斋	歙县	—	河间通判	见于《中国古籍版刻辞典》
591	郑宗岱	—	浦江	监生	西华知县	见于《泉翁大全集·送义门郑师节》卷三十二
592	郑宗夷	—	浦江	—	英德主簿	见于《泉翁大全集·送义门郑师节》卷三十二
593	钟昂	—	番禺	庠生	—	见于《泉翁大全集·天关精舍讲章》卷十三
594	钟景星	字叔辉，号宝潭	东莞	—	—	见于《甘泉先生续编大全·云谷新祠奉安石翁神位祭告文》卷十四
595	钟景旸	—	东莞	—	—	见于《东莞县志·人物略》卷五十七
596	钟九谦	—	—	—	—	见于《泉翁大全集·归去纪行录》卷八十五
597	钟卿	字懋敬，号班田	东莞	进士	历任许州知州，南京兵部郎中，郴州同知，九江知府，广西按察右布政使、光禄寺卿	见于《东莞县志·人物略》卷五十八

（续表）

序号	姓名	字号	籍贯	出身	官职	出处
598	钟云瑞	字天庆，号黄山	东莞	进士	历任江西按察佥事，江西右参议，云南左参议，湖广右参议	见于《东莞县志·人物略》卷五十七
599	钟宗禹	—	—	—	安溪训导	见于《泉翁大全集·奠故安溪司训钟宗禹文》卷十五
600	周昌逵	—	—	—	—	见于《甘泉先生续编大全·经始壁立洞用前韵》卷十九
601	周冲	字道通，号静庵	宜兴	举人	历任万安教谕，应城知县，唐府纪善、长吏，邵武教授	见于《泉翁大全集·明唐府纪善进长史俸静庵周君墓碑铭》卷六十
602	周道夫	字宗正	永丰	举人	—	见于《泉翁大全集·归去纪行录》卷八十五
603	周孚先	字克道，号西山居士	潮阳	举人	—	见于《泉翁大全集·郑王两生墓志铭》卷六十一
604	周厚山	—	—	—	都察院副都御史	见于《泉翁大全集·陈石亭以旧作见示次和灵谷一篇》卷四十七
605	周巩	—	—	举人	—	见于《泉翁大全集·归去纪行录》卷八十五
606	周阶	字对阳	安福	—	—	见于《甘泉先生续编大全·送周生对阳归安福》卷二十
607	周衡	—	宜兴	庠生	—	见于《湛甘泉先生文集·乡善士慎斋周君墓表》卷六十二

（续表）

序号	姓名	字号	籍贯	出身	官职	出处
608	周佩韦	—	—	—	—	见于《甘泉先生续编大全·奠周佩韦文》卷四
609	周琦	—	—	—	崇安推官	见于《甘泉先生续编大全·题梅崖为周节推琦》卷十六
610	周衢	—	宜兴	庠生	—	见于《泉翁大全集·雍语》卷六
611	周荣宰	—	—	—	—	见于《甘泉先生续编大全·云谷新祠奉安石翁神位祭告文》卷十四
612	周荣朱	字自正	顺德	庠生	—	见于《甘泉先生续编大全·云谷新祠奉安石翁神位祭告文》卷十四
613	周实夫	—	—	—	思州知府	见于《泉翁大全集·赠周君实夫升任思州太守诗有序》卷四十九
614	周坦	字仲履，号谦斋	博罗	举人	历任石城教谕，瑞昌、宁化知县	见于《泉翁大全集·罗浮朱明洞创造精舍记》卷二十九
615	周万芳	—	顺德	—	—	见于《泉翁大全集·罗浮四诗有序》卷四十四
616	周玮	—	江都	—	—	见于《泉翁大全集·将由瓜洲往三茅访句曲华阳洞途中绝句十首》卷五十
617	周卫	—	宜兴	—	—	见于《泉翁大全集·送周生卫还阳羡卫为医士不中欲弃其业归于儒云》卷四十六
618	周显荣	—	扬州	庠生	—	见于《泉翁大全集·扬州府县学讲章》卷十二
619	周相	—	—	—	河南右布政使	见于《圣学格物通》序跋

（续表）

序号	姓名	字号	籍贯	出身	官职	出处
620	周学心	字明几，号明洞	顺德	—	—	见于《甘泉先生续编大全·云谷新祠奉安石翁神位祭告文》卷十四
621	周崖	—	—	—	—	见于《泉翁先生续编大全·岳游纪行录》卷三十三
622	周仪	字敬甫	祁门	—	—	见于《甘泉先生文集·寓奠婺源洪母余太夫人文》卷三十
623	周易	字道原	—	—	和州学正	见于《泉翁大全集·送周道原易掌教之和州诗有序》卷五十
624	周有容	—	宜兴	举人	—	见于《泉翁大全集·新泉问辩续录》卷七十二
625	周有征	字伯久	宜兴	—	—	见于《泉翁大全集·字周有征伯久说》卷三十五
626	朱大章	—	—	—	—	见于《泉翁大全集·归去纪行录》卷八十五
627	朱衡	字士南，号镇山	万安	进士	刑部员外郎	见于《泉翁大全集·归去纪行录》卷八十五
628	朱孔阳	字允才	东莞	举人	历任赣县知县，饶州教授	见于《（康熙）东莞县志·人物略》卷五十八
629	朱旷	字则之	郴阳	—	—	见于《甘泉先生续编大全·郴阳县仰泉楼记》卷五
630	朱廷臣	字敬之	海阳	进士	仁吴知县	见于《甘泉先生两都风咏》序
631	朱廷立	字子礼，号两崖	通山	进士	礼部右侍郎	见于《甘泉先生两都风咏·甘泉山诗》卷二
632	朱廷文	—	揭阳	—	广信通判	见于《泉翁大全集·归去纪行录》卷八十五

（续表）

序号	姓名	字号	籍贯	出身	官职	出处
633	诸葛逢	—	—	—	—	见于《泉翁大全集·归去纪行录》卷八十五
634	祝寀	—	衡山	—	—	见于《甘泉先生续编大全·岳游纪行录》卷三十三
635	祝继伦	字师圣，号染溪	海宁	举人	弋阳知县	见于《泉翁大全集·归去纪行录》卷八十五
636	祝完	字伯固，号水帘	衡阳	举人	徐州知府	见于《甘泉先生续编大全·岳游纪行录》卷三十三
637	祝咏	字鸣盛	衡州	进士	历任陕西左参政，给事中	见于《湖南古今人物辞典》
638	祝宗	—	衡山	—	—	见于《甘泉先生续编大全·岳游纪行录》卷三十三
639	邹近辰	—	无锡	—	—	见于《泉翁大全集·送邹山人归锡山》卷四十二
640	左埙	字孟和	永新	—	—	见于《甘泉先生续编大全·率诸生入宅于衡岳甘泉精舍奠告土地文》卷十三